窑制玻璃艺术
热熔、热弯和铸造

刘 鹏 张正阳 黄彦如 著

江苏凤凰美术出版社

图书在版编目（CIP）数据

窑制玻璃艺术：热熔、热弯和铸造 / 刘鹏, 张正阳, 黄彦如著. -- 南京：江苏凤凰美术出版社, 2024.6
ISBN 978-7-5741-1871-3

Ⅰ.①窑… Ⅱ.①刘…②张…③黄… Ⅲ.①玻璃熔窑 - 玻璃熔制 - 高等学校 - 教材 Ⅳ.①TQ171.6

中国国家版本馆CIP数据核字(2024)第094922号

责 任 编 辑　孙剑博
责任设计编辑　赵　秘
封 面 设 计　焦莽莽
责 任 校 对　唐　凡
责 任 监 印　唐　虎

书　　　名　窑制玻璃艺术：热熔、热弯和铸造
著　　　者　刘　鹏　张正阳　黄彦如
出 版 发 行　江苏凤凰美术出版社（南京市湖南路1号 邮编：210009）
制　　　版　江苏凤凰制版有限公司
印　　　刷　盐城志坤印刷有限公司
开　　　本　889 mm×1194 mm　1/16
印　　　张　6.5
版　　　次　2024年6月第1版
印　　　次　2024年6月第1次印刷
标 准 书 号　ISBN 978-7-5741-1871-3
定　　　价　58.00元

营销部电话：025-68155675　营销部地址：南京市湖南路1号
江苏凤凰美术出版社图书凡印装错误可向承印厂调换

前　言

　　玻璃的发明与应用，对人类文明发展具有划时代的意义。它作为人类最先掌握的人工复合材料之一，贯穿了文明的发展，几千年的玻璃工艺发展史同时也是人类早期文明到现代科技演化历程的写照。与其他较早掌握的生产材料相比，玻璃独特之处在于：玻璃的透明性和折射性，能够延伸视觉。人类通过玻璃透镜，可以观察到身边的微观世界，也可以把视线投向广袤的宇宙，使我们对自身所处的空间有了更深远感知。

目　录

第一章 玻璃材料的构成与材料特性

第一节 什么是玻璃

　　自然界存在天然的玻璃。当富含石英的岩石在高温下熔化并且迅速凝固时，就会产生"天然玻璃"。如出现火山爆发、闪电击中石英砂或陨石撞击地球表面时，经常会发生这种情况。在石器时代，就有人类使用火山成因的天然玻璃记录，通常这类被称之为黑曜石（图1-1-1）和玻陨石（图1-1-2）的材料，它们被制成原始工具来从事生产劳动。

　　我们日常所见的大多数玻璃制品（玻璃窗、玻璃杯等）是由二氧化硅和其他氧化物（纯碱、石灰石、石英等）熔融在一起形成的，在熔融时形成连续网络结构，冷却过程中黏度逐渐增大，直至最后凝固。由于玻璃从高温到退火的过程中原子无法形成规则的排列，因此玻璃内部保留了液态时的结构。在我们对物质的常态理解上，一件玻璃制品，毫无疑问是固态的，但在微观的内部结构上它却呈液态状。它既不是名副其实的结晶固体，又不是真正的液体，而是原子无序（或无定形）固体，经常被描述为"物质的第四形态"。（图1-1-3）

图 1-1-1

图 1-1-2

图 1-1-1　黑曜石
发现于意大利伊奥利亚群岛。黑曜石是一种火山岩，其中玻璃占体积的80%以上。

图 1-1-2　玻陨石
发现于埃及利比亚沙漠。

图 1-1-3　天然水晶、水、玻璃的分子结构对比

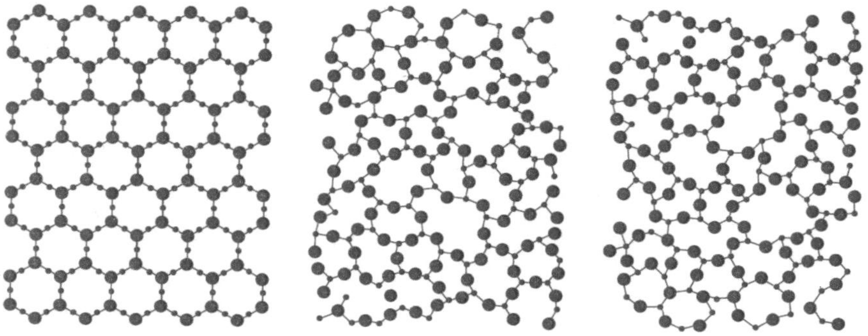

天然水晶：分子结构有序、坚固的网格体。

水：分子结构是自由流动的、无序的。

玻璃：分子结构像水一样无序、但是像天然水晶一样呈现固态。

图 1-1-3

人工复合的玻璃材料，也是本教材中玻璃艺术创作使用的材料。它是一种无规则结构的非晶态固体：非晶态物质的主要特点是其内部原子的排列长程无序，只保留近程有序；硬度、膨胀系数、热导率、折射率等理化性质具有各向同性；无固定的熔点，只能在一定的温度范围内逐渐熔融。

提纯后的沙子（二氧化硅）熔化之后就是硬度非常高的石英玻璃，但石英砂熔化需要大约 1700℃。我们加入助熔物可以降低熔融温度，助熔物的作用是破坏二氧化硅网络体以降低其熔融温度和软化点，助熔物在玻璃成分中的助熔作用并不是完全与其所占比重呈正比。

一、玻璃的主要成分和结构

玻璃是一种非晶体无机非金属材料，是用多种无机矿物（如石英砂、硼砂、硼酸、重晶石、碳酸钡、石灰石、长石、纯碱等）为主要原料，加入少量辅助原料制成的。

构成玻璃材料的主体几乎都是苏打、石灰、二氧化硅等成分，历史上各个地区的玻璃成分根据各地原材料的特性有所不同。例如古代罗马时期其区域生产的玻璃，虽然同样使用草木灰作为助熔物成分，但是植物灰的碱含量受当地植物生长土壤影响从而使其成分有所不同：生长在盐渍土或海边的植物含有大量的钠，而那些生长在内陆的植物有更高的钾盐含量。因此，在地中海东部沿海地区，碳酸钠（纯碱，苏打，Na_2CO_3）是玻璃最常用的碱源（草木灰和天然矿物碱），而在欧洲北部、美索不达米亚和波斯地区，内陆富含钾盐成分的碳酸钾（植物灰，K_2CO_3）则成为当地玻璃的主要碱源。

通过以上举例，我们可以认识到玻璃有着复杂的组成系统。为了更方便地认识玻璃的成分，我们以玻璃的成型物（基本成分）、助熔物（允许前者在较低温度下熔化）和稳定物（保持被助熔剂消减的玻璃结构完好无损）这样一个三元体系作为玻璃的成分构成

玻璃成型物主要是二氧化硅（硅砂，SiO_2）、氧化硼（B_2O_3）和五氧化二磷（P_2O_5）。主要的助熔剂是碳酸钠（纯碱，Na_2CO_3）、碳酸钾（K_2CO_3）和碳酸锂（Li_2CO_3）等。稳定物为石灰石（碳酸钙 $CaCO_3$）、石粉（氧化铅 PbO）、氧化铝（Al_2O_3）、氧化镁（MgO）、碳酸钡（$BaCO_3$）、碳酸锶（$SrCO_3$）、氧化锌（ZnO）和二氧化锆（ZrO_2）等。

在我们日常生活中的玻璃制品（如玻璃瓶、建筑玻璃），主要成型物是二氧化硅（石英砂），含量大约为 70%~75%。另外一种主要玻璃成型物是氧化硼。氧化硼在钠钙硅酸盐玻璃中同时也是作为一种稳定物引入，加入氧化硼可降低玻璃膨胀系数，并提升玻璃成品的化学稳定性和抗热震性。三氧化二砷和五氧化二磷很少作为玻璃成型物。少量的五氧化二磷可作为玻璃成型物引入分散在二氧化硅的熔融物中，在冷却过程中容易分离为小颗粒，起到分散所摄入的光源，使玻璃呈现白色或乳白色外观。少量三氧化二砷也可以作为一种精炼剂引入到玻璃成分中，起到减少玻璃中的小气泡和消除玻璃配料中微量铁质的作用。

玻璃成型物也被称为玻璃网络成型物，它们的特性是能够将原子结构非常牢固地连接在一起，形成一个稳固、连续的三维网络。而玻璃中其他非网络状氧化物，虽然它们不能独立形成玻璃，但它们的原子可以进入玻璃网络并成为其中不可分割的一部分，称为网络中间体，即稳定物，它们的引入对成品玻璃的性能有一定的提升。主要的稳定物是氧化铝（Al_2O_3）和氧化锌（ZnO）。

另外还有一些在玻璃中不能单独形成网络，但能使网络发生改变的氧化物。我们称之为网络外体和调整剂，由于主要起到助熔的作用，也就是玻璃的助熔物。常见的有碳酸钠、碳酸钾、氧化镁、氧化钙、氧化钡、三氧化二镧、二氧化钛等，这些氧化物在一定条件下会使玻璃网络发生改变。例如碳酸钠是玻璃材料配方中最常用的助熔物，能降低玻璃黏度、软化点、熔化温度、退火温度、耐热性和化学稳定性，增加膨胀系数等作用。碳酸钠一般在玻璃中含量为 14%~17% 之间，如果含量过高虽然能降低熔化温度使玻璃制品易于成型，但会降低玻璃制品的化学稳定性。

二、玻璃原料的计算

了解玻璃原料成分计算的基本知识能帮助我们了解不同氧化物对玻璃的化学和物理性能的影响。通常使用摩尔分数来计算玻璃成分：将玻璃成分中氧化物成分换算成物质的量，再除以玻璃中所有成分量的总和。这样的话，通过氧化物可以判断玻璃的种类，也便于各种玻璃之间的对比。特别是有利于比较不同玻璃成分之间的性质，在保持玻璃成分中碱金属氧化物不变的情况下，对比其他成分的变化就可以推测玻璃性能的变化。

玻璃的原材料大都为复合材料，其中不仅含玻璃的组成成分，而且还含有一些其他成分。这些成分通常以气体的形式存在，当单个原料达到分解点时，在熔化过程中通过加热释放气体。如玻璃制造最常用的助熔物碳酸钠，其化学成分为 Na_2CO_3，热反应下材料本身成分之间的化学键分解：$Na_2CO_3 +$ 热 $='s$ Na_2O 和 CO_2，Na_2O（钠）成为玻璃原材料的一部分，而 CO_2（二氧化碳）则被排放到熔炉大气中，并与熔融过程的其他原料的副产品一起排出。因此，要确定一种原料，如氧化钠（Na_2O）在玻璃成分中的实际占比，我们必须知道碳酸钠（Na_2Co_3）原料中钠和二氧化碳的确切比例，这里可以使用转换系数公式确定它们之间的比例。例如碳酸钠（Na_2CO_3）中氧化钠（Na_2O）的占比为58.5%，其余41.5%是二氧化碳（CO_2）。碳酸钠（Na_2CO_3）作为玻璃配料添加到玻璃料中，但是只有不到2/3的氧化钠（Na_2O）保留下来，剩下的部分是作为气体排出的二氧化碳（CO_2）。

以氧化物表示的玻璃通过图表上相对应的转换系数进行转换，以计算原材料中易挥发物质的重量。（表1-1）一般钠钙硅酸盐玻璃的原料中总的气体率以17%~20%为合适。（表1-2）

表1-1 原料中氧化铝的成分构成表

原料	化学分子式	氧化物	转换系数
氧化铝（煅烧氧化铝）	Al_2O_3	Al_2O_3	1
水合氧化铝	$Al_2O_3 \cdot 3H_2O$	Al_2O_3	0.654
钾长石	$K_2O \cdot Al_2O_3 \cdot 6SiO_2$	Al_2O_3	0.18
		$K_2(Na_2)O$	0.13
		SiO_2	0.68
霞石正长岩		Al_2O_3	0.25
		$Na_2(K_2)O$	0.15
		SiO_2	0.6
蓝晶石	$Al_2O_3 \cdot SiO_2$	Al_2O_3	0.567
		SiO_2	0.433
高岭土	$Al_2O_3 \cdot 2SiO_2 \cdot 2H_2O$	Al_2O_3	0.395
		SiO_2	0.465

转换系数 × 玻璃中该氧化物的数量 = 氧化物质量的百分比 ÷ 所有原材料的总和100= 重量的百分比。

表1-2 钠钙硅酸盐玻璃（sode-lime glass）的原料成分比例表

氧化物成分	氧化物百分比 %	引入原料	转换系数	原料总量
SiO	73.0	石英砂	1.000	73
Al_2O_3	2.0	煅烧氧化铝	1.000	2.0
MgO	3.5	云石（0.304CaO，0.219MgO，0.477CO_2）	4.574	16.0
CaO	5.5	云石（0.304CaO，0.219MgO，0.477CO_2）		
CaO	0.7	石灰石	1.785	1.2
Na_2O	16	碳酸钠	1.710	27.3
	100%			119.5

第二节　玻璃作为艺术材料表现的特性

玻璃性质分类很多，可分为物理性质、力学性质、化学性质、复合性质、工艺性质等。在这里我们展开讨论玻璃材料作为艺术媒材的特别属性。

日本著名民艺理论家、美学家柳宗悦先生在《工艺文化》中提道："材料是天籁，其中凝缩了许多人工智慧难以预料的神秘因素。工艺的使命是有效地利用材料的神秘因素，优秀的作者往往能够发挥材料的作用，材料在技艺的发掘下能够充分显露出自然之美。"艺术和设计的创作实践，只有通过了解材料的特性，通过工艺对材料属性的利用并体现其多元化的表现特质，才能使我们可以自由地传达艺术思想和观念，合理地设计、创作与美化我们的生活。

玻璃作为一种独特的艺术媒材可以体现在视觉特效、物理特性、化学特性几个方面，与之分别对应的是透明性与折射性、热可塑性、色彩表现性。

一、玻璃透明性与折射性

相对于其他主要的传统艺术媒材（如金属、陶瓷、木头等），玻璃在视觉上最大的特征是它的透明性和对光的反射与折射。玻璃艺术品晶莹剔透、明净无瑕的视觉观感引发人们缥缈虚无的想象，通过自身对光线的折射、反射变化给人以幻彩迷离的炫目。（图1-2-1）

图 1-2-1
作品：无题　玻璃窑铸工艺
作者：科林·瑞得 英国
创作时间：2009 年

图1-2-1

1. 玻璃的透明性

玻璃的透明特性是玻璃的原子结构中没有自由电子，因此不会屏蔽可见光的反射光子。玻璃主要的原料硅酸盐、硼酸盐等物质，其本身由电子激发的本征吸收带都处于紫外线区，在可见光区域没有明显的光波的吸收，因此玻璃是可以呈现无色透明的。

当然，这种透明性是相对的。首先因为对于电磁波（光）来说，任何一种材料都不是完全透明的。例如玻璃可以可见光通过，但却能阻挡紫外线，这也是为什么隔着玻璃不容易晒黑的原因。其次玻璃材料中的结构基团比可见光波小，因此没有足够大的基团能阻挡可见光的透过。但是如果打破玻璃内部结构中的均匀分布，出现与基础玻璃折射率不同的晶态与非晶态微粒，使光线产生漫射或衍射，玻璃则失去透明度。例如降温过慢造成的析晶，或在玻璃原料中添加乳浊剂，玻璃则产生乳光或乳浊现象，或者玻璃烧造中产生大量的小气泡没有排出，玻璃就变成半透明或不透明了。

另外一个原因是玻璃表面是光滑的，不会产生光的散射，所以呈现透明状态。但是如果在玻璃表面用机械进行喷砂磨砂处理，或用氢氟酸进行玻璃表面的蒙砂处理，表面均产生漫射，玻璃就变成半透明或不透明了。

2. 玻璃的折射性

透明玻璃的重要光学性质之一是玻璃折射性。众所周知，光线在穿过介质界面会发生偏析，因此光线沿直线穿过第二个介质，方向会改变。方向的变化量（折射率）取决于固体的密度。如果第二种介质比第一种介质密度大，光线会变慢，其方向会朝着法线方向改变（法线是垂直于表面的术语）。当光线进入密度较低的物质（从玻璃到空气）时，它会加速，方向也会偏离正常方向。也就是说当光线从一种介质（空气）传递到另一种密度不同的介质（玻璃）时，光线会改变速度，

1-2-2
作品：蓝色的鸟　玻璃切割工艺、层叠工艺
作者：马丁·罗素　美国
创作时间：2008 年

图 1-2-2

图 1-2-3
作品：球面空间中的棱镜　玻璃窑铸工艺
作者：斯坦尼斯拉夫·李宾斯基
创作时间：1978 年

图 1-2-4
作品：蓝色金字塔　玻璃窑铸工艺
作者：斯坦尼斯拉夫·李宾斯基
创作时间：1993 年

从而导致折射。因此，当光线穿过不同形态、不同颜色组合的立体玻璃后，各个角度看到的玻璃内部呈现出变幻莫测的视觉效果。（图 1-2-2）

折射的产生也可以在玻璃原料中以氟化物或磷酸盐的形式引入具有不同折射率的非金属晶体颗粒，当玻璃冷却时，会导致小颗粒结晶，这样产生的效果使光线在玻璃体内散射，并使透射光发散。

玻璃材料独特的透明性和折射性，会根据玻璃制品的成分、厚度、颜色等原因产生不同的视觉效果，玻璃艺术品与光的互动使作品拓展了自身的空间感染力。捷克艺术家斯坦尼斯拉夫·李宾斯基（Stanislav Libensky）是首位对玻璃艺术与光相互之间的可能性进行研究创作的现代玻璃艺术家。李宾斯基和他的夫人雅罗斯拉夫·布里奇托娃（Jaroslava Brychtova）从 20 世纪 60 年代开始创作的一系列作品受捷克立体主义的影响，思考如何借助作品中玻璃材料的透明性以及光的折射所带来的视觉延伸和思想语汇，使光的变换成为玻璃作品的第四维度，从而让观众感知更丰富的空间。他们最初的作品是一系列几何体的相互嵌入构成：玻璃作品由两个半球拼合在一起，球体的内腔放置一个立方体，光线透过玻璃球体和立方体，平面和曲面之间产生无数个角度的折射与反射，使看起来不大的形体空间内出现了无限的延展。（图 1-2-3）李宾斯基的大型玻璃艺术作品一直延续着外部简化的抽象几何造型，但是更加强化内部结构的变化，随着光线的变化，纯色的玻璃在光的照射下将丰富的内部结构蕴含在外部简洁的几何造型之中。

他在 1995 年的一次采访中说："我不对作品赋色，玻璃的本色与形体的结构通过光来赋予作品的灵魂。"作品蓝色金字塔中金字塔的底部由一个不等边的三角形组成，外部几个面以不同的角度倾斜，背面呈垂直面，顶端金字塔以不同倾斜角度与之结合。当作品从上面照亮时，阴影的一面看起来像黑夜一样黑，而受光面则沐浴在漫反射的深蓝色中，边缘溶解成水汪汪的天蓝色，金字塔似乎突然漂浮在宇宙之中。（图 1-2-4）

图 1-2-6

图 1-2-5

图 1-2-7

玻璃成分的不同使光线产生折射后的视觉效果的差异是非常明显的。例如硼硅酸盐玻璃的折射率约为 1.4，钠钙玻璃约为 1.52，铅晶玻璃（70% 铅）大约为 1.8，水和钻石的折射率分别为 1.33 和 2.42。折射率同时也取决于光波的频率，这就是为什么白光通过棱镜时可以被分解成光谱颜色的原因。美国艺术家马丁·罗索（Martin Rosol）的作品用透明的铅晶玻璃形体与一组或多组不同颜色铅晶玻璃形体以冷加工方式粘合组成，观众从特定的角度看作品会看到不同颜色溢满整个形体，而转到另外一个角度，颜色又从透明形体内消退。这就是利用光线的全内反射在狭长形玻璃体中产生的折射角度所产生的特殊视觉效果。（图 1-2-5，1-2-6，1-2-7）

二、玻璃形体的热可塑性

材料的可塑性是指一种材料受外力作用产生形变时，达到一定的限度则不能

图 1-2-5
作品：平衡　玻璃切割工艺、层叠工艺
作者：马丁·罗素　美国
创作时间：2012 年

图 1-2-6
作品：山杨叶　玻璃切割工艺、层叠工艺
作者：马丁·罗素　美国
创作时间：2012 年

图 1-2-7
作品：冰河　玻璃切割工艺、层叠工艺
作者：马丁·罗素　美国
创作时间：2020 年

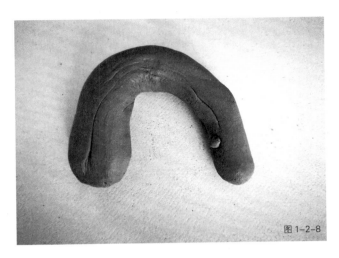

图 1-2-8

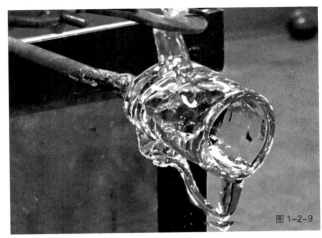

图 1-2-9

图 1-2-8
揉好的泥可以弯曲塑形不断裂

图 1-2-9
玻璃加热软化后具有可塑性

恢复原状的阈值，这样的变形叫做塑性变形量，我们也称之为材料的可塑性。广义范围内的材料的可塑性还包括延展性、结合性、稳定性、触变性等因素，这些对于制作生产来说尤其关键，是材料实现其使用功能的决定性因素。

材料的可塑性是在一定的条件下才能实现的，例如黏土需要与适量的水混合以后形成泥团，这种泥团在外力的作用下产生变形但不开裂。（图 1-2-8）而金属（铜、铁等）则需要一定的温度下才具有拉伸延展性；其次材料可塑性是暂时的，甚至是可以转变的：捏制好的黏土器物干燥后就无法再随心所欲地进行捏制，通过高温烧成陶瓷之后黏土的可塑性彻底消失，但却具有了其他方面的可塑性。

玻璃制品的诞生是人类以火作为媒介，通过多种氧化物高温熔炼后获得的人造器物。熔融的玻璃液转变为具有形状制品的过程，这一过程称之为玻璃的一次成型或热端成型。

高温状态下玻璃液首先由黏性液态转变为可塑状态，随着温度的冷却再转变成脆性固态。（图 1-2-9）高温烧造改变了氧化物本身纯天然材料的形体结构和内部成分，因此温度是玻璃材料实现其可塑性的关键因素。高温状态下玻璃产生黏度、表面张力和热力性质，是玻璃成型的基础。我们需要对相关知识有一定了解，才能更好地理解不同玻璃之间可塑性带给我们艺术创作和设计的可能性。

1. 高温黏度

黏度是指流体对流动所表现的阻力。表征部分液体对另一层液体滑动或位移阻力的性质，称为液体或熔融体的黏度，确切地讲应称为动力黏度。玻璃的黏度随温度下降而增大，从液态玻璃到固态玻璃的变化连续转变，黏度是连续变化的，没有突变的现象。（图 1-2-10）

对玻璃来说，同一黏度值其化学组成不同对应的温度值也不同，但它所处的状态及物理性能基本相同，为此通常以黏度数据来表征玻璃的某些特征点，如应

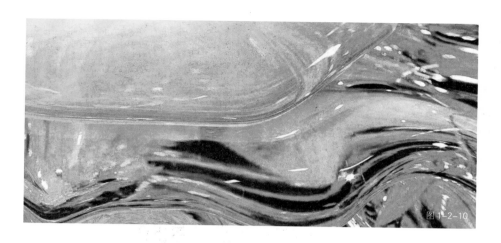

图 1-2-10
玻璃加热后黏度降低，具有流动性

变点、转变温度、软化点、流动温度等，是玻璃工艺中的重要参数。我们在玻璃艺术创作中，必须严格遵照玻璃的温度—黏度的特性曲线。

我们以钠钙硅酸盐玻璃（常用于玻璃吹制、玻璃灯工、平板玻璃熔铸热弯等艺术创作）原料为例说明在不同温度特征点的玻璃的可塑性：

钠钙硅酸盐玻璃的应变点（相当于最低退火点）对应温度 520℃，退火点与转变点都是 560℃；

610℃~660℃达到膨胀软化点，玻璃出现形态的变形；

690℃至软化范围时炉内的玻璃由于自身重力开始软化，一般平板玻璃的热熔与热弯艺术创作从这个温度点开始，温度越高玻璃的变形、坍塌越大；

当温度达到 900℃的流动点时候，玻璃呈现流动性，一般铸造简单的玻璃造型在这个温度下可以完成，如果造型较为复杂则需要继续提高温度；由于玻璃成分的不同，钠钙玻璃相对于铅制玻璃来说，成型范围比较大，1020℃~760℃都是可成型范围，在这个阶段可以实现大部分艺术创作工艺；

最后当温度达到 1450℃~1560℃时，是钠钙玻璃的熔化范围，高温下黏度减少有利于玻璃原料石英颗粒周围高硅质的溶解与扩散，同时使气泡容易上升溢出，有助于不均质成分通过扩散而均化，一般玻璃原料的熔制才需要用到这个温度。

艺术创作中通常采用含碱比较高的，如钙硅酸盐玻璃和铅钡水晶玻璃。它们的特点是黏度较小，线膨胀系数较高，熔化点较低，易熔化，容易磨砂和刻画，基本属于软玻璃。石英玻璃、高硼硅玻璃、K95 料（光学玻璃）的黏度大、熔点高，玻璃硬度比较大，线膨胀系数比较低，属于硬玻璃。

2. 表面张力

玻璃在高温的熔融状态下其表面层的质点受到内部质点的作用，趋向于向玻璃熔体的内部活动，使玻璃液表面层形成一种力图将液体收缩的力，这个过程玻璃表面分子间存在着作用力即玻璃的表面张力。

我们可以观察到玻璃黏度的大小，但是很难观察玻璃表面张力的运动过程，

图 1-2-11
当没有模具接触时，玻璃加热后自然形
成光滑的表面

图 1-2-11

但是我们在烧制玻璃时会发现不规则形状的玻璃碴在不需要任何模具的情况下加热熔化后都会形成一个小圆珠。（图 1-2-11）

表面张力总是力图把物体的表面收缩成球状，这种特性在玻璃成型过程中起着至关重要的作用。玻璃熔化时，表面张力促使小气泡溶解在玻璃中，有利于小气泡的去除；在玻璃吹制、灯工工艺中，熔好的玻璃液吹塑，利用表面张力可使之成为圆形、圆柱形；铸造玻璃、浮法玻璃顶部一层光洁平整的表面也是表面张力形成自然抛光的效果；玻璃成型之后利用火抛光技法也是借助表面的张力。

但是玻璃的表面张力对玻璃作品的烧制也有不利的影响，例如在铸造作品中有比较尖细角度的造型，玻璃熔化后在表面张力的作用下就很难完全注入石膏模具尖角缝隙，这时我们需要在玻璃模具上设置气孔引导玻璃液流入模具细节部分。

3. 热学性质

玻璃在高温状态下的热学性质是其主要物化性质之一，在玻璃艺术作品成型过程中直接影响着自身热量向外界的传递，对玻璃的冷却过程及速度、对成型操作的工艺过程均有很大影响。这些热性质包括比热容、热导率、热膨胀及透热性等。

其中玻璃的热膨胀系数对玻璃艺术创作时的成型、退火以及与其他材料的结合（玻璃与陶瓷、玻璃与金属）有紧密的联系。玻璃的化学组成很大程度上决定玻璃原料的膨胀系数，不同类型的玻璃膨胀系数各自不同：艺术玻璃材料中高硼硅玻璃［（33±1）×10-7/K］具有较小的膨胀系数，钠钙玻璃［（60～100）×10-7/K］次之，含铅玻璃则具有较高的膨胀系数。

膨胀系数的不同也意味着玻璃从熔体状态冷却时收缩比例的不同，因此，不同类型玻璃原料是无法完整地熔融在一起的。即使是同一类型玻璃，如果成分中氧化物的摩尔比例不同，各自的膨胀系数出现差异也会导致玻璃作品的开裂情况。

三、玻璃的色彩表现性

一系列金属氧化物的添加则赋予玻璃彩虹般的色彩，如同光谱一样无穷无尽。

图 1-2-12

图 1-2-13

有了这些金属氧化物的加入，玻璃成为融合颜色、形式和光的材料。尽管黑曜石这样的天然玻璃在人类文明早期就被制成工具，但有记载的人工玻璃的原始状态——埃及釉砂陶（"费昂斯"Egyptian faience，一种以硅酸盐为基质的人造硅酸盐材料）最早是作为制陶技术的分支诞生于新石器时代早期（约公元前 3500 年）两河文明"新月沃土"。（图 1-2-12）"费昂斯"的制作技术随着冶铜术从两河流域传入古埃及得到了高度发展，埃及人使用石灰岩和冶炼青铜的余料发色，制作了大量宝蓝色、松石绿色系为特色的釉砂和玻砂（Frit）装饰物件。（图 1-2-13）。

通过金属氧化物的加入能使玻璃产生丰富的色彩变化，这给予玻璃艺术创作广阔的拓展性和表现力。但是玻璃透明固体中的颜色与陶瓷表面颜色的表现不同：它不仅在不同的光照条件下发生变化，而且还取决于物体的形状和大小。即使是无色透明的玻璃，在自然光源的投射下也会让玻璃自身整体呈现奇妙的颜色变化，并且随着体积和光照的变化以及观察角度的不同，在明度、色相、饱和度上发生变化。玻璃的这种视觉性质是其他材料难以比拟的，关于它的透明性我们在前篇中已经详细介绍，而各种氧化物着色剂的引入更是增加了其色彩的丰富性。

在艺术玻璃中可以使玻璃着色的物质，我们称之为玻璃着色物，着色物在玻璃中使玻璃对光谱产生选择性吸收，从而产生一定的颜色。金属氧化物在玻璃中的引入会有原子价及配位数不同，因此，有的氧化物虽是同一元素，而能发出不同的颜色，但我们还是可以通过简单的窑炉设备和透明玻璃料来做一下简单的金属氧化物的着色实验。（图 1-2-14）

如铁的发色，可为赤、黄、褐、茶等色（图 1-2-15）；铜的发色，可为青、绿、赤等色；钴的发色，可为青、蓝、赤等色；锰的发色，可为褐、紫、红等色；镍的发色，可为黄、绿、褐、青、灰、赤、紫等色；铬的发色，可为黄、绿、青、黑等色；铀的发色，可为黄、黑等色；镉的发色，可为黄、赤等色；锑的发色，可为黄色；金的发色，可为桃红、玫瑰红及金的本色。但各种颜料的发色程度和

图 1-2-12　古埃及釉砂陶
出土于埃及的古代卡宏遗址，年代为古代埃及中王国时期（约第十二王朝第四任法老辛努塞尔特二世时期 Senusre II，在位于公元前 1897-1878 年）。

图 1-2-13　古埃及玻砂珠子（Egyptian frit）
出土于丹麦的青铜时期晚期古墓群，年代为古埃及新王国时期（约第十八王朝法老图坦卡蒙时期 Tutankhamu，在位于公元前 1341-1323 年）。

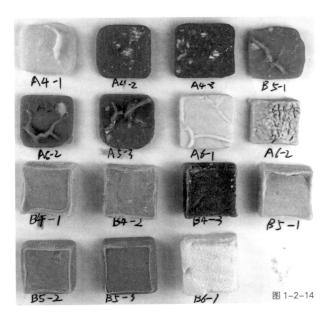

图 1-2-14

图 1-2-15

图 1-2-14
玻璃中氧化铜与不同氧化物的混合发色
的变化

图 1-2-15
玻璃中氧化铁与不同氧化物的混合发色
的变化

色调变化非常复杂，为了充分发挥它的色泽必须从各方面加以注意。颜料中各种添加物（如母体矿物、矿化剂、熔剂等）的组成和结晶构造对其色彩具有特殊的影响。

根据着色氧化物在玻璃中呈现的状态不同，分为离子着色物、胶体着色物、硫硒化物着色物以及其他着色方式。

1. 离子着色物

玻璃中离子着色物主要是铬、铜、钴、铒、铁、锰、钕、镍、错等金属氧化物，在玻璃中以离子状态存在，它们的价电子在不同能级间跃迁，由此对可见光的产生选择性吸收，导致玻璃着色。玻璃着色后的光谱特性和颜色主要取决于离子的价态及其配位体的电场强度和对称性。此外，玻璃成分、熔制温度、熔制时间、熔制气氛等一系列因素对离子的着色也有重要影响。

常用的离子着色剂主要有：

氧化铬：铬化合物着色剂有重铬酸钾、重铬酸钠、铬酸钾、铬矿渣。

铬酸盐在玻璃熔制过程中分解成为氧化铬（Cr_2O_3），在还原烧成条件下使玻璃着色呈绿色；在氧化条件下，因同时存在有高价铬氧化物（CrO_3），使玻璃着色呈偏黄的绿色；在强氧化条件下，CrO_3 数量增多，玻璃呈现为淡黄色至无色。但是铬化合物是极耐高温的元素，我们在个人艺术玻璃工作室中很难让它均匀着色。（图 1-2-16）

图 1-2-16

图 1-2-16
玻璃中氧化铬的主要呈色

铬化合物的用量以氧化铬（Cr_2O_3）计为原料的 0.02%~0.8%，在钠钙硅玻璃中加入量 0.05%，玻璃呈现草绿色，超过 0.8% 玻璃呈现非常深的绿色。在氧化条件下，氧化铬与氧化铜共同使用，可制得纯绿色玻璃；如果混入锌元素，氧化物就会从绿色转变为褐粉色或珊瑚红色。

氧化铜：铜化合物着色剂在玻璃中的引入有硫酸铜、氧化铜、氧化亚铜。

硫酸铜（$CuSO_4 \cdot 5H_2O$）为蓝绿色结晶；氧化铜（CuO）为黑色粉末；氧化亚铜（Cu_2O）为红色结晶粉末。氧化铜（CuO）与三氧化二铬（Cr_2O_3）或三氧化二铁（Fe_2O_3）共用，可使玻璃呈现绿色。（图1-2-17）

图1-2-17

氧化钴：钴化合物着色剂有一氧化钴、三氧化二钴、四氧化三钴。

无论是玻璃还是陶瓷釉彩中，钴料都是比较稳定，着色力强，它使玻璃能获得偏紫的蓝色，一般不受气氛和温度影响。氧化钴（CoO）为绿色粉末；三氧化二钴（Co_2O_3），呈深紫色粉末；四氧化三钴（Co_3O_4），它是CoO和Co_2O_3混合物，呈棕黑色粉末。所有钴的化合物，在熔制时都会转变为一氧化钴（CoO）。

图1-2-18

往玻璃中加入0.002%的一氧化钴就可使玻璃获得浅蓝色，加入0.05%的一氧化钴，玻璃就呈非常深的普蓝色。钴化合物与铜化合物和铬化合物共同使用，可以制得色调匀和的蓝色、蓝绿色和绿色玻璃；与锰化合物共同使用，可以制得深红色、紫色和黑色的玻璃。（图1-2-18）

氧化铁：铁化合物着色剂有氧化亚铁和氧化铁，常用氧化铁。

氧化亚铁（FeO），黑色粉末，能将玻璃着呈蓝绿色；氧化铁（Fe_2O_3），红褐色粉末，在玻璃原料中加入2%～3%，玻璃呈现黄绿色。氧化铁与锰的化合物，或与硫及煤粉共同使用，使玻璃着呈琥珀色。（图1-2-19）

图1-2-19

氧化锰：锰化合物着色剂常用有三种：氧化锰、二氧化锰、高锰酸钾。

锰化合物本身为褐紫红色，二氧化锰（MnO_2）呈黑色粉末；氧化锰（MnO）呈棕黑色粉末；高锰酸钾（$KMnO_4$）呈紫色结晶物。锰化合物能将玻璃着色呈紫色，为了制得鲜明的紫色玻璃，锰化合物的用量一般为配合料3%~5%。（图1-2-20）

图1-2-20

另外氧化锰与铁共用可以获得橙黄色到暗红紫色的玻璃。氧化锰（Mn_2O_3）与重铬酸盐共用，可以制成黑色玻璃。

氧化钕：氧化钕（Nd_2O_2），为蓝色结晶粉末。

由于氧化钕独特多变的光谱特征，可以使玻璃呈紫罗兰色并有双色现象（在荧光灯下呈玫瑰蓝色，在自然光或白炽灯下呈紫罗兰色）。（图1-2-21）

图1-2-21

氧化钕与硒共同使用，可获得瑰丽的紫红色。

氧化镍：镍化合物着色剂有一氧化镍、氢氧化镍、氧化镍，常用的是氧化镍。

氧化镍（NiO）为绿色粉末，氧化高镍（Ni_2O_3）为黑色粉末。镍化合物在熔制中均转变为一氧化镍，能使钾钙玻璃着色呈浅红紫色。在钠钙玻璃测试中，氧化镍0.01%的含量可以使玻璃呈浅茶棕色，氧化镍0.05%的含量可以使玻璃呈浓茶色。（图1-2-22）

图1-2-22

图 1-2-17
玻璃中氧化铜的主要呈色

图 1-2-18
玻璃中氧化钴的主要呈色

图 1-2-19
玻璃中氧化铁的主要呈色

图 1-2-20
玻璃中氧化锰的主要呈色

图 1-2-21
玻璃中氧化钕的主要呈色

图 1-2-22
玻璃中氧化镍的主要呈色

2. 金属胶体着色物

金属胶体着色是金、银、铜等氧化物或化合物在玻璃中分解还原成金属原子，并相互结合成均匀分散的胶体状态的金属粒子，由于不同胶体粒子对各种单色光具有不同程度的选择性吸收能力，从而显现出不同颜色的变化。因此玻璃艺术中的金红、银黄、铜红等颜色玻璃料需要二次烧成才能发色。同类金属胶粒着色与胶粒的大小、浓度有关。不同的金属胶粒对各种单色光具有不同程度的选择性吸收能力，呈现不同的颜色。

金化合物：玻璃中常用的金化合物是氯化金（$AuCl_3$）。一般是将纯金用硝基盐酸溶解制成 $AuCl_3$ 溶液，再将溶液加水稀释使用。使用金化合物的玻璃必须经过二次加热显色才能得到金红颜色。在无铅玻璃中，在配合料中加 0.02%~0.03% 氯化金，可制得红宝石玻璃。在铅玻璃中，则只需在配合料中加入 0.015%~0.020% 氯化金，就可得到同样颜色的金红玻璃。（图 1-2-23）

注意：在艺术玻璃材料（如含铅铸造玻璃、钙钠平板玻璃等）中，金红色玻璃通常是呈无色透明的，因此我们在使用时要区分金红料块和透明料块。区分的方法是比较金红色和透明玻璃的截面，前者往往呈现淡淡的暖色光泽。

银化合物：通常采用硝酸银（$AgNO_3$），为无色结晶物。硝酸银在熔制时能析出银的胶体粒子，二次加热显色后使玻璃着呈浅黄色。配合料中加入氧化亚锡可以改善银黄的着色剂的用量，一般在原料中加入 0.06%~0.20% 硝酸银。

铜化合物：主要使用氧化亚铜（Cu_2O），也可以使用硫酸铜 $CuSO_4 \cdot 5H_2O$。胶体铜的微粒使玻璃着呈红色，它的着色能力很强。加入配合料量 1.5%~5.0% 氧

烧前　　　　　　　　　　　烧后

图 1-2-23

图 1-2-23
氯化金在玻璃中的二次显色

图 1-2-24　利库格斯酒杯
约制作于公元 4 世纪古代罗马时期

图 1-2-24

化亚铜，同时在还原条件下熔解，就可以制得红色的玻璃。

金属胶体着色剂具有二向色性（Dichroic），二向色性指一种材料（或涂层）将一束光分成两个不同波长的光束的能力，当从不同方向以及在透射光和反射光中观察对象时，颜色外观会发生变化。用胶体金属（如金、银和铜）给玻璃着色，可以制造二向色玻璃，也就是变色玻璃，这种现象也被称为利库格斯效应（Lycurgus effect）。

利库格斯效应一词来源于目前陈列在大英博物馆中的利库格斯杯，是 1600 年前古罗马人采用与现代纳米技术类似的工艺制作的一只高脚杯。它由双色玻璃制成，能够随着光照变化改变颜色：当光线从前方照射时杯子呈现绿色，当光线从后方照射时杯子呈现红色。科学家揭晓了其中的谜团，这个高脚杯采用类似"现代纳米"的工艺制造。它在制造过程中将物质分解成原子和分子等级，在双层玻璃中溶入了金和银的金属微粒。当光线照射玻璃中的金属微粒时，金属微粒的电荷振动能够改变玻璃杯呈现的色彩，色彩变化取决于观测者从哪个角度进行观看。（图 1-2-24）

英国艺术家克里斯·伍德（Chris Wood）用无色的二向色玻璃片创作艺术装置作品，二向色性是一种无色材料，它过滤和反射光的波长，产生各种各样的彩虹色阴影和投影。作品通常按设计排列在白色的墙面，试图用光作为艺术媒介捕捉自然光变化的每一个瞬间。光通过二向色玻璃产生的变化使墙面上投射的色彩、光影变幻莫测，从而达到在一个静止的空间中创造动态图案的效果。（图 1-2-25、图 1-2-26）

图 1-2-25

图 1-2-25
作品：二向色玻璃墙面装置
作者：克里斯·伍德　英国
创作时间：2016 年

图 1-2-26
作品：二向色玻璃墙面装置
作者：克里斯·伍德　英国
创作时间：2011 年

图 1-2-26

图 1-2-27
玻璃中硒与硫化镉的呈色

3. 硫硒化物着色物

玻璃中的硒除了以它的高温溶胶体（原子溶液），作为玫瑰色着色物外，也可以作为分子形式的着色物。有些分子着色物在玻璃中能生成自身的相（像金属结晶样），而且最终的着色靠热处理，即显色来达到。

硒与硫化镉：单质硒的胶体粒子，使玻璃着色呈玫瑰红色。硫化镉（CdS），为黄色粉末。单独用硫化镉，可以使玻璃着色呈淡黄色，加硒粉后可以获得纯正的黄色。硒与硫化镉共同使用，形成硫化镉与硒化镉的固熔体（CdS·nCdSe），使玻璃着色呈黄到红色。100% 的 CdS 制成黄色玻璃，CdSe 含量逐渐增高变为橙色而至红色。（图 1-2-27）

注意：在国内艺术玻璃材料（如含铅铸造玻璃、钙钠平板玻璃等）中，含硒与硫化镉的玻璃（如金黄色系）不能与其他颜色玻璃混合使用。

第二章　玻璃艺术的历史

　　玻璃是人类文明较早掌握的人工复合材料之一，对人类文明发展尤其是现代科学技术革命带来巨大的影响。玻璃的诞生与各个文明烧造工艺技术（陶瓷、青铜）的发展息息相关，如关于玻璃、陶瓷制作技法之间的相互借鉴和演进，具备陶艺和玻璃艺术创作经验的艺术工作者对这一点深有体会。

第一节　古代的玻璃艺术

　　玻璃的发轫地可以追溯到古代美索不达米亚和埃及，早期玻璃的诞生与当时制陶工艺中陶器上施釉紧密相关。在真正的玻璃出现之前，它的原始状态——埃及釉陶"费昂斯"（Egyptian faience）可追溯至公元前 3500 年左右。"费昂斯"可以看作是一种非黏土的陶瓷，主要由石英或沙子制成，与铜、锰、铁等氧化物混合后烧成玻璃态物质和晶态石英砂混合体的制品，质感像天青石和绿松石的宝石。古埃及人将在坩埚或陶瓷罐中加热软化的石英等混合物挑出来拉成细丝状，缠绕在泥球上，制作成具有装饰功能的珠子。埃及的"费昂斯"珠子独特的审美价值受到其他文明地区的追捧，尤其是蓝色的珠子特别受欢迎，成为与黄金和宝石一样具有同等价值的物品被交易。（图 2-1-1）

图 2-1-1　"费昂斯"串珠
约制作于古埃及中王国时期，公元前 1900–1800 年
古代埃及将磨碎的石英（或者沙子）与少量的助熔剂物质（石灰石、泡碱、植物灰等），以及用做着色剂的孔雀石、蓝铜矿等的粉末进行混合并成型，然后在 700℃~1000℃之间烧成。由于烧成温度较低，釉砂内部的石英颗粒只是表面熔融后烧结在一起，大部分石英砂仍保持着晶体状态，玻璃态很少。因此，釉砂与玻璃制品在结构上差异明显。

图 2-1-1

图 2-1-2 花瓶
约制作于古埃及第 18 王朝，公元前
1400–1300 年
瓶身埃及绿松石色和不透明的钴蓝、黄
色、白色，并带有半透明的钴蓝；坯芯
成型，小径装饰。

图 2-1-3 国王雕像碎片
约制作于古埃及第 18 王朝，公元前
1400–1300 年
狮身人面像国王的头部和肩膀的一部分，
由不透明的蓝绿色玻璃制成，表面光滑。

　　"费昂斯"珠子制作的技法，是古代埃及玻璃工艺的一种制作技术，即"坯芯成型"（core- forming）工艺。一端与棍子连接的"坯芯"用自然纤维物（如动物粪便、麻丝等）混合泥土制成，外形为器物内部形态的内模。工匠们将坩埚中熔化的石英溶液涂抹于"坯芯"外层，再回炉升温软化后再缠绕其他颜色溶液或蘸取颜色，对裹好溶液的器物局部做多次熔化后表面进行装饰纹样，最后用棍子将此"坯芯"从玻璃器物内部取出。这种"坯芯成型"技艺产生于公元前 16 世纪，一直沿用到公元前 1 世纪玻璃吹制技术的发明。（图 2-1-2）

　　保持至今的古代埃及玻璃大多数都是不透明的，"费昂斯"的制作是作为宝石（如天青石和绿松石）的替代品生产和使用的，其内部结构和化学组成均与成熟的玻璃有所不同，并且由于烧成工艺的原因，所以不是完全的玻璃态物质，而是部分玻璃态和晶态石英砂的混合体。此外由于烧造技术的原因，熔化温度较低，许多微小的气泡残留在器物中，因此也很难达到透明。（图 2-1-3）这种工艺品依然受到当时权贵阶级的喜爱，这个时期玻璃主要有三种用途：给陶器上釉，制成饰物，制成盛装奢侈化妆品、首饰等一类的容器，直至埃及新王国（New Kingdon，约公元前 1070 年）时期终结。（图 2-1-4）此后，伴随着王权的覆灭，埃及及地中海沿岸大批手工制造行业一蹶不振，玻璃工艺受其影响也停滞不前甚

图 2-1-4　古埃及工艺品
约制作于古埃及第 18 王朝，公元前
1400–1300 年
吊坠、串珠、耳钉等装饰品。

图 2-1-4

至开始消亡。

　　公元前 9 世纪，地中海沿岸腓尼基文明逐渐活跃，其后两河流域建立了强大的国家政权——亚述帝国，玻璃制造业开始逐步复苏。随着烧造技术的发展，玻璃工艺也逐渐丰富，人们开始意识到玻璃材料独一无二的透明特性，把玻璃用于天然水晶材料的模仿。玻璃制造原料中含有铁、铬、钛等化合物和有机物杂质，往往影响到玻璃的透性，因此在玻璃原料中加入脱色剂以获得更为晶莹的质感。最早有记录使用玻璃脱色剂锑（化学脱色剂）和锰（物理脱色剂）获得半透明质感玻璃是公元前 8 世纪晚期的西亚。在古亚述文明遗址（现伊拉克尼姆鲁德 Nimrud）发掘中，考古人员发现了一些绿色的半透明玻璃碗。这些玻璃制品是通过将制备好的平面玻璃圆盘二次加热至玻璃软化后放置于半球形的模具重新塑形制成的。（图 2-1-5）另外此处遗址中出土的另一只半透明玻璃罐上，镌刻有用楔形文字书写的铭文。铭文记载了亚述帝国（Assyria）萨尔贡阿卡德王二世（Sargon II，公元前 721 年—前 705 年在位）国王的名字。（图 2-1-6）

　　在公元前 9 世纪至前 3 世纪这段时期，古代埃及玻璃"坯芯成型"工艺制作玻璃器物在地中海及西亚地区再度获得发展。而更为精美的玻璃铸造和雕刻工艺品逐渐成为玻璃工艺的主流。公元前 5 世纪波斯第一帝国——阿契美尼德王朝（Achaemenid Empire）在中亚、西亚迅速扩张。他们的玻璃制造业主要生产透明水晶质感的器皿。其透明玻璃铸造无论从材质特性还是造型设计及装饰上较之前有长

图 2-1-5

图 2-1-7

图 2-1-6

足的进步，玻璃冷加工雕刻技艺尤其精湛。在目前遗存的阿契美尼德玻璃艺术品中，最为精致的是运用浇铸、雕花和抛光工艺制作的精美玻璃餐具。（图 2-1-7）

公元前 1 世纪之前，玻璃制造主要是铸造工艺和雕刻为主。此后地中海东岸（现在叙利亚、以色列地区），一种新的玻璃吹制技术获得发明。这种工艺对控制熔炼温度提出了要求，说明熔炼技术在中东的玻璃制造业中已经很先进。

到公元前 1 世纪末，这种技术在整个地中海沿岸及中东地区广泛传播。玻璃吹制工艺是使用一根长金属空心吹杆，把吹杆的一头浸入熔化的玻璃黏液中，均匀地蘸上一团，工匠通过吹杆的另外一端迅速地往热熔玻璃中吹进一个气泡，通过反复地加热吹制、整修外形后再把玻璃制品从金属杆上取下直至退火冷却。

公元 1 世纪，发明了利用有花纹的模具吹制有装饰花纹的玻璃，快捷、美观的玻璃器物制造不仅满足了权贵阶级奢侈品的需求，而且能够提供更为低廉的玻璃制品满足大众的生活需求。（图 2-1-8）

古代罗马帝国时期（公元前 27—476 年，主要指西罗马帝国），玻璃业在罗马帝国的零星地区兴盛起来。罗马本身有一些玻璃产业，但并不是当时主要的玻璃中心。然而，强大的罗马帝国的辽阔疆域和罗马人通过征服和贸易所覆盖的领土，将玻璃制品贸易遍布欧洲及中东地区，甚至到达了东方的中国。

图 2-1-5　玻璃碗
约制作于新亚述王朝，公元前 750- 前 650 年
玻璃碗半球形，有圆形边缘，浅绿色玻璃，铸造后研磨抛光。

图 2-1-6　萨尔贡二世玻璃罐
约制作于亚述王朝萨尔贡二世，公元前 720- 前 710 年
玻璃罐呈半透明的浅绿色，最初覆盖着一层厚厚的类似珐琅的不透明乳白色风化层，瓶身呈梨形卵形，边缘扁平，颈部短而宽呈凹形，敛口。边缘很小，罐子有两个垂直的把手。凸底，肩与身之间有一个锐角，上面刻着一头向右行走的狮子，前后都有楔形文字。内部有明显可见的钻头旋转痕迹，从颈部内侧到底部，中心略呈凸出，在容器的所有部分都有小的球形气泡。萨尔贡玻璃罐造型独特，沿用了当时流行的宝石加工技艺。首先铸造一个实心的器物外形，用工具钻出容器内空，修整外形并进行了研磨抛光。

图 2-1-7　浅碗（Phiale）
约制作于波斯第一帝国——阿契美尼德王朝，公元前 500- 前 400 年
浅碗为绿色玻璃浇铸，呈阿契美尼德风格。表面有磨砂、气泡，并有成片的薄虹彩膜；铸造使用下垂、切割、抛光工艺。圆形边缘从几乎直边的形状逐渐向外扩张，底部为浅凸形，侧面和底部之间的龋齿用两个车削凹槽突出；容器底部保留一个圆形的穹窿，从中辐射出 32 个顶部为圆形的凹槽；每个凹槽为浮雕切割，横截面为凹面。

罗马帝国在玻璃发展历史上占据了重要的地位。这首先表现在原来玻璃工艺技法的不断完善和创新工艺的推陈出新，在此期间玻璃工艺和装饰技法不断取得突破。玻璃套色雕刻工艺是通过多次蘸取不同颜色的玻璃黏液成型后，用宝石切割打磨的手法在玻璃器物表面雕刻出浮雕图案，底色与表层颜色的对比组成叙事性画面的玻璃花瓶成为这个时期上流阶层的奢侈品。（图2-1-9）镂空雕花工艺是一种外层包裹精细透雕镂刻装饰的玻璃器物，在古罗马后期是最珍奇华贵的类型。这种玻璃制品外表多被细密的几何、人物、花卉玻璃纹饰环绕，纹饰层与器物之间留着一定空间，通过隐蔽的支撑杆与器壁相连。（图2-1-10）另外玻璃雕花、沙粒喷磨、彩绘、镀金等装饰技法也相继成熟，成为此后的1000多年玻璃制造的主流工艺。（图2-1-11）

金质玻璃是一种在两层熔合的玻璃之间饰以金箔的类似"三明治"的玻璃加工技术。大多留存至今的金质玻璃艺术品的生产可追溯到公元3世纪至4世纪之间。古罗马的玻璃工匠们常采用金箔的形式将纯金应用于玻璃制作中，一些玻璃匠人也试图在玻璃上去除掉背景之类留白处的金箔，从而在表面上凸显出想要的图样。他们还用擦刮雕刻及彩绘手法来处理细节。目前最常见的古罗马金质玻璃艺术品

图2-1-8 绿色玻璃杯
约制作于公元25-50年中东地区
绿色的模具吹制玻璃杯，有切割和研磨的边缘，一边有两个环柄，凹底饰有四个同心圆和一个中心点。两侧装饰有两条圆形和星形的雕带，以及两块希腊铭文"Ennion made（me）"和"let The buyer Been Membered"。

图2-1-9 玻璃高脚杯
约制作于古罗马晚期，公元4世纪
玻璃高脚杯侧面刻着三个圣经场景：亚当和夏娃站在树和蛇的两边；摩西拿着一块石头的棍子；基督站在拉撒路被包裹的雕像前。

图2-1-10 笼形杯
约制作于古罗马晚期，公元4世纪
笼形杯是古罗马时期玻璃制造成就的巅峰。由一个内烧杯和一个外笼或装饰外壳组成，外部装饰突出于杯体，并通过短柄与杯体相连。

图2-1-11 奥德乔水壶（The Auldjo Jug）
约制作于公元1世纪，公元25-50年
吹制玻璃和车刻工艺制作的玻璃壶，透明的深蓝色和不透明的白色浮雕装饰。

图2-1-8

图2-1-10

图2-1-9

图2-1-11

图 2-1-12

图 2-1-13

是一些装饰性主题的金质玻璃器皿。（图 2-1-12）

　　这个时期的玻璃在透明度方面有非常大的提升。为了改善玻璃的质地，罗马人进行了技术革新：一方面通过对原料的筛选和玻璃脱色剂的使用；一方面他们以熔炉替代以往使用的烧锅，提高了熔烧温度，从而达到消除玻璃中的小气泡，提升了玻璃的纯度。（图 2-1-13）罗马帝国晚期的玻璃制品已经非常接近透明。透明度的提升不仅凸显了装饰玻璃的视觉特性，让玻璃的用途更为广阔。

　　罗马帝国时期对玻璃发展最突出的成就是在生活领域大大拓展了玻璃的应用范畴。玻璃是一种洁净又耐久的物质，于是精良的玻璃制品备受珍视，而且成为富有的象征。玻璃吹制技术的发展，使玻璃器皿的低成本大规模生产成为可能，实现吹制大尺寸的玻璃造型更是突破了原先工艺对尺寸的限制，使其成为室内装饰和建筑的优良材料：玻璃被用作铺砌材料、护壁材料、培育秧苗的温室构架，乃至排水管。（图 2-1-14）

　　中世纪是从公元 5 世纪罗马帝国衰落到 15 世纪意大利文艺复兴开始的欧洲历史时期，跨越了一千年左右，是古代西方世界和近代欧洲文明承上启下的时期。玻璃的演化进程与历史是相辅相成的，这期间玻璃制造随着各个时代的变化仍在持续发展，大致可以分为两个区域：部分玻璃工匠迁徙在北部的莱茵河流域，从德国地区发现的早期中世纪玻璃制品（如饮水犄角和瓣爪形大口杯）很明显延续了罗马帝国玻璃形制，发展过程中形成了一些新型玻璃器具，发展了如法兰克、墨洛温、日耳曼风格的，英格兰则擅长制造蓝色玻璃器皿。（2-1-15）

　　中世纪后期欧洲北部玻璃工匠用植物钾碱代替苏打作为助熔剂，当地森林中的木材和落叶为玻璃的生产提供了极为充足的燃料和碳酸钾原料，"森林玻璃"（forest glass）成为这个时期玻璃的代表。（图 2-1-16）"森林玻璃"发源于大约公元 10 世纪欧洲西北部和中部，主要集中在森林地区盛产木材资源的玻璃工坊生产。

图 2-1-12　玻璃器皿的瓶底残片
约制作于古罗马晚期，公元 4 世纪
这是一件饮水器的底部，使用金质玻璃工艺作为装饰。

图 2-1-13　角斗士玻璃杯
约制作于公元 1 世纪，公元 50-80 年
玻璃杯使用模具吹制工艺制作，杯身的装饰图案为四对角斗士战斗的场景。杯口沿拉丁文铭文为角斗士的姓名。其中一些名字与罗马朱利奥克劳迪亚时期在罗马城举行的比赛中成名的著名角斗士的名字相吻合，表明这种杯子可能是作为纪念品制作的。

图 2-1-14 古罗马时期玻璃马赛克
约制作于古罗马早期，公元 1 世纪中期
这种带有彩色花卉图案的玻璃马赛克是
在罗马的帕拉廷发现的，因此它可能是
其中一座皇宫内部装饰的一部分，甚至
可能是尼禄皇帝（公元 54-68 年）的金
屋的墙面装饰物。

图 2-1-15
爪形烧杯制作于早期盎格鲁撒克逊，公
元 7 世纪早期
玻璃爪形烧杯多在公元 6 世纪和 7 世纪
的法兰克和盎格鲁撒克逊墓葬被发现。
器皿产于法国北部、英格兰东部、德国
和低地国家。锥形烧杯有爪状的小把手
或凸耳，器皿多呈棕色、蓝色或黄色。

图 2-1-16 "森林玻璃"酒器
制作于中世纪时期，约公元 10 世纪
"森林玻璃"（或"Waldglas"）是中
世纪在中欧地区制造和吹制的透明、绿
灰色玻璃的专用术语。原料中的二氧化
硅含有大量氧化铁，因此玻璃呈绿灰色。

图 2-1-14

图 2-1-15

图 2-1-16

大约从公元 1400 年开始，欧洲北部地区为了与威尼斯玻璃的质量竞争，以贝壳、石灰石或大理石的氧化钙（CaO）成分作为助熔物加到二氧化硅-钾碱混合物中，减少成分中钾碱和着色物的比例，从而使玻璃更加透明。（图 2-1-17）中世纪后期，在德国南部、瑞士和意大利部分地区，最为精致的玻璃餐具大多采用无色或接近无色的玻璃制作而成。这类玻璃艺术品，为后世文艺复兴时期威尼斯的水晶玻璃（Venetian cristallo glass）奠定了基础。

罗马时期晚期部分工业向东迁移到叙利亚和巴勒斯坦地区，发展了独特的拜占庭玻璃风格。拜占庭风格玻璃器皿形状与希腊、罗马时期的玻璃器皿形状相差不大，但是更为精致且极具装饰性。拜占庭时期出现大量玻璃灯具，据考证玻璃灯最早出现在公元 4 世纪上半叶的巴勒斯坦，但从出土文物数量来看那段时期并没有获得广泛传播。玻璃灯具更为适合光线的照明和扩散，因此拜占庭的玻璃灯具迅速在西方传播开来，另外彩窗玻璃、镶嵌玻璃装饰（tesserae）、金属染色玻璃首饰也大受欢迎。（图 2-1-18）精制拜占庭玻璃受到高度重视，发达的海上贸易把拜占庭工艺品也带到了富饶的东方。

漫长的欧洲中世纪玻璃，虽然在制作工艺方面与前几个时期相比，并没有取得非常明显的突破，但是玻璃的另外两项非常重要的使用途径逐渐得到推广。第一是建筑玻璃，它的广泛应用在世界建筑史上占据了重要地位。第二是玻璃开始体现出其光学用途方面的价值，如透镜、棱镜和眼镜、实验烧杯等，为后世的文艺复兴及科学革命发挥了无可取代的作用。

在这段时间，西亚及中东地区的玻璃也达到了非常高的水准。公元 3 世纪至 7 世纪期间波斯萨珊帝国（今伊拉克北部、伊朗和中亚）生产的玻璃制品，是在

图 2-1-17 玻璃器皿
约制作于 14 世纪 -15 世纪
具有中世纪晚期欧洲地区餐具的典型特征的玻璃大口杯和瓶子。

图 2-1-18 拜占庭玻璃嵌银手镯
约制作于公元 1100-1400 年
在拜占庭中期，玻璃工匠采用了阿拉伯地区的银器染色工艺给玻璃装饰着色。金属染色玻璃是将金属化合物（铜粉、银粉等）、硫磺或赭石等混合物以酸性介质附着于玻璃物体表面，在玻璃软化温度以下烘烤，从而产生着色装饰效果，根据混合物的组成变化可以产生各种各样的颜色。这项工艺可以追溯到公元 8 世纪的西亚地区。最常见的是玻璃银染色手镯，从希腊到小亚细亚地区，在拜占庭各地区都有出土发现。

图 2-1-17

图 2-1-18

图 2-1-19

图 2-1-20

图 2-1-21

图 2-1-19 萨珊王朝时期玻璃碗
约制作于公元 6-7 世纪
　　"蜂窝状"切面装饰是萨珊王朝时期玻璃的特点。碗身由六角形微凹的平面图案覆盖，使用砂轮切割工艺。

图 2-1-20 穆拉诺玻璃盘
约制作于公元 1550-1575 年
威尼斯穆拉诺透明玻璃盘子，盘面用车刻工艺刻出三条放射状的雕刻和镀金带装饰。

图 2-1-21 穆拉诺千花玻璃球
约制作于 17 世纪

接近透明的纯色厚壁器物上使用切割、研磨工艺琢磨几何连续图案再抛光完成。在接近透明的厚壁玻璃器物上研磨凹球面，或利用模具吹制凸起球面，形成一个个小凹透镜或凸透镜。透过碗前壁的球面装饰，可以看到后壁的数个小圆形装饰，表现出玻璃变幻莫测之美。（图 2-1-19）萨珊玻璃填补了罗马玻璃衰落之后、中世纪玻璃兴起之前玻璃制造史上的空缺，在世界玻璃艺术由西向东转移的过程中是重要的过渡。

　　从 13 世纪，意大利威尼斯的玻璃制造开始影响全欧洲玻璃贸易并逐渐成为玻璃文化中心。威尼斯玻璃的艺术样式和品质成为当时玻璃制造业的范式。穆拉诺玻璃代表了当时世界最高水准的玻璃技术。玻璃的艺术表现力和光学特性也开始汇入到此刻意大利北部出现的文艺复兴潮流，成为重要的艺术形式、知识与文化时尚，然后回馈到科技与艺术的革新运动中。（图 2-1-20）

　　穆拉诺千花玻璃（Millefiori）是对古代埃及就出现的搅色玻璃（Murrina）工艺基础所进行的创新。有所区别的是古埃及搅色玻璃（Murrina）是用搅色料棒的截面直接熔融排列图案；千花玻璃（Millefiori）则是把搅色截面图案热粘在透明玻璃上再吹制，利用玻璃表面张力把图案展开到器物每个部位。（图 2-1-21）

　　透明水晶玻璃（Cristallo）是一种苏打玻璃，由文艺复兴时期威尼斯的玻璃艺

术巨匠 Angelo Barovier 在 15 世纪发明，在当时被认为是透明度最高的玻璃，这也是威尼斯穆拉诺成为当时"最重要的玻璃中心"的主要原因之一。（图 2-1-22）

威尼斯输出精美的玻璃制品对其他地区的玻璃工业产生深远的影响。先进的生产工艺逐渐向北部扩散，奥地利、西班牙、荷兰、比利时、英国等地相继借鉴威尼斯玻璃生产模式建立工厂。到了 17 世纪末，英国成为世界主要的玻璃生产国之一。英国非常重要的进步是开发了钾铅硅酸盐系统，乔治·雷文斯克罗夫特（George Ravenscroft）在玻璃成分中添加了氧化铅，通过对氧化铅与钾盐助熔物比例之间的调整发明了铅水晶玻璃（lead crystal glass）。（图 2-1-23）

玻璃从古代粗糙的釉砂发展演化至今成为人类文明历史进程不可或缺的材料。它的视觉观感经历了不透明—半透明—透明三个阶段，每一个阶段的突破都是时间维度和空间维度上经验的反复积累所致。

图 2-1-22 水晶酒杯
约制作于 1550-1650 年
意大利威尼斯出产的透明水晶玻璃杯，使用模具吹制的工艺。

图 2-1-23 铅质水晶玻璃杯
约制作于 1677-1678 年
水晶杯由乔治·雷文斯克罗夫特制作，雕刻有波兰国王约翰三世·索比斯基（John III Sobieski）和格但斯克（Gdańsk）家族的纹章。

第二节 近现代玻璃艺术的发展

19世纪末兴起的艺术手工艺运动（The Arts & Crafts Movement）提出对工业革命后大规模生产的反思，广泛影响了欧洲的部分国家，为后来的艺术设计运动提供了理论基础和实践先驱。19世纪末20世纪初在欧洲和美国产生并发展的新艺术运动（Art Nouveau）是其中影响面最大，也是设计史上非常重要的一次形式主义运动。运动主张艺术家积极参与产品设计和工艺改良，以此实现技术与艺术的统一，影响了当时所有的艺术形式。这个时期法国艺术家雷内·拉利克（Renè Lalique）、艾米尔·加勒（Emile Galle）、亨利·纳瓦拉（Henri Navarre）和莫里斯·马里诺（Maurice Marinot）以及美国艺术家路易斯·康福特·蒂芙尼（Louis Comfort Tiffany）被认为是现代工作室玻璃运动的先驱。

新艺术运动最有影响力的一群来自法国南锡（Nancy）的艺术家，被称为南锡学派。出生于法国南锡一个玻璃手工艺者家庭的艾米尔·加勒（Emile Galle）作为领袖之一，通晓哲学、动物学、植物学和矿物学，精通玻璃艺术和工艺。1885年，他在柏林的工艺品博物馆研究了中国玻璃艺术的馆藏品，启发了他雕刻多层玻璃的灵感。（图2-2-1）

在加勒的影响下，奥古斯特·道姆（Auguste Daum）和安托万·道姆（Antonin Daum）兄弟提出"以工业的方式应用装饰艺术的真正原则"。另外一个法国设计师雷内·拉利克（Renè Lalique）在新艺术运动时期，以玻璃和金属工艺相结合的珠宝和高端香水瓶设计闻名。他在玻璃艺术上的成就更在于他在装饰艺术（Art Deco）时期的产品设计，作品具有更多流线型几何图案，在保留了极高艺术性的同时，开拓了玻璃产品的大规模生产方式。（图2-2-2）

图2-2-1 玻璃雕刻台灯
制作于1900年
新艺术运动时期艾米尔·加勒制作的玻璃台灯，玻璃吹制成型，辅以车刻技法的装饰。

图2-2-2 "朗斯"花瓶（Ronces vase）
雷内·拉利克设计于1921年左右
蓝色镀金的压制透明玻璃，带有黑莓卷须的浮雕装饰，底面印有标志性R.Lalique，还有针蚀"Lalique"标记。

图2-2-1
图2-2-2

　　另外一位法国人亨利·克罗斯（Henri Cros）重新恢复了古代埃及和罗马时期玻璃粉烧工艺，这种玻璃粉料粘烧技法（pâte-de-verre）先制作黏土原模，然后将细碎的玻璃与粘合材料混合，并在阴模内壁刻好花纹，使混合物附着在表面，形成涂层，也可根据不同地方需要色泽的不同而采用不同颜色的玻璃粉。经过烧制后，器物表面的装饰纹饰随之形成。（图 2-2-3）

　　路易斯·康福特·蒂芙尼（Louis Comfort Tiffany）是美国新艺术运动玻璃设计的代表人物。蒂芙尼公司（Tiffan Glass）的镶嵌玻璃灯具和室内玻璃装饰品色彩绚丽，奢华精致，画面融入了彩绘的技法，形象栩栩如生。（图 2-2-4）

　　新艺术运动时期其他的欧洲国家玻璃艺术更多的是玻璃器皿设计方面的成就，许多欧洲设计师和艺术家从 20 世纪 20 年代起就与工厂合作，被认为是工作室玻璃的早期例子。来自格拉斯哥的设计师克里斯托弗·德莱塞（Christopher Dresser）是英国新艺术运动玻璃的领军人物。他是一位超越时代的工业设计巨匠，提倡结合工业技术与传统美学实现产品的生活化，率先提出了产品形式与功能之间的关系，提倡结合工业技术与传统美学实现产品的生活化，成为 20 世纪功能主义的先驱者。他是英国唯美主义运动（Aesthetic movement）的践行者之一，与当时大多数玻璃艺术家不同，他的设计没有应用植物花卉图案装饰，而是借助自然流畅线条设计素雅简洁的器皿造型，将玻璃的质地表现发挥到极致。（图 2-2-5）

　　第一次世界大战之后的捷克斯洛伐克共和国延续了波希米亚玻璃制造的传统，并开玻璃工艺教育方面的先河，在泽莱兹尼·布罗德（Železný Brod）这座从

图 2-2-3　玻璃贴身信物（amulet）
约制作于 1890—1895 年
亨利·克罗斯使用玻璃粉料粘烧技法（pâte-de-verre）制作的装饰品，这类贴身信物通常以古罗马或希腊女性为图案。曾经为法国著名艺术评论家罗杰·马克思（Roger Marx，1859—1913）的收藏。

图 2-2-4　梦花园
制作于 1916 年
蒂芙尼公司以彩色镶嵌玻璃灯具闻名，成为新艺术主义风格的象征。蒂芙尼最大的和最重要的作品是使用法芙莱尔玻璃镶嵌制作的梦花园。

图 2-2-3

图 2-2-4

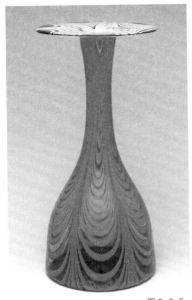

图 2-2-5

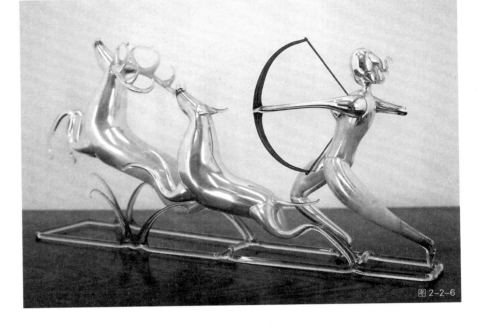

图 2-2-6

图 2-2-5　克鲁萨花瓶（Clutha Vase）
设计于1880-1890年，制作于1885-1911年
19世纪90年代，克里斯托弗·德莱塞
为格拉斯哥的詹姆斯·库珀家族公司
（James Coupee& Sons of Glasgow）
设计了"克鲁萨"（Clutha）系列玻璃容器。
这个系列的作品是德莱塞设计作品经典，
设计造型简洁，功能实用，可通过标准
化生产方式大量生产。"克鲁萨"花瓶
系列，设计师刻意拉长了瓶颈的比例，
使得器物更修长简洁、使用中也更易于抓
握。瓶身比例协调，花纹流畅覆盖整个
器物，唯美地呈现了德莱塞的设计，也
体现了詹姆斯·库珀家族玻璃公司的玻璃
制造水准。

图 2-2-6　猎鹿人
雅罗斯拉夫·布里赫塔设计制作于20
世纪30年代

11世纪就具有玻璃制造历史的小镇创办了玻璃制造专科学校（Specialized School for Glassmaking）。1921年，学校创始人之一雅罗斯拉夫·布里赫塔（Jaroslav brychta，1895—1971），开始设计制作一些小型玻璃雕塑，在1925年的巴黎国际现代工业和装饰艺术博览会（Paris Exposition Internationale des Arts Decoratifs et Industriels Moderne）上参展。（图2-2-6）世界玻璃艺术巨匠斯坦尼斯拉夫·李宾斯基（Stanislav Libensky）1938年在此就读并于1953年在学校担任负责人。学院派玻璃艺术开始进入人们的视野。

　　另外，北欧地区的玻璃器皿设计自艺术手工艺运动（The Arts & Crafts Movement）之后取得了举世瞩目的成就，众多的经典设计一直沿用至今。瑞典奥勒福什·格拉斯布鲁克（Orrefors Glasbruk）公司1917年发明了"格拉尔"（Gral）技术。该类型玻璃制品的生产方法是先对其进行热塑形和退火处理，然后在玻璃表面进行刻花和雕刻，再次重新加热后，蘸取玻璃熔液吹制成型。（图2-2-7）1937年后，公司与雕塑家埃德温·厄斯特罗姆（Edwin Ohsstrom）合作开发了"爱丽尔"（Anel）技术，这项技术可将大气泡呈现到厚厚的透明玻璃花瓶中。

　　丹麦的菲英岛玻璃制造厂（Fyns Glasvaerker），设计师汉斯·安德森·布莱德克莱德（Hans Andersen Brendekilde，1857—1942）在1901年至1904年间，设计了具有"新艺术运动"风格的灯具、各种玻璃瓶子和其他玻璃作品。1924年，霍尔梅高斯玻璃制造厂（Holmegaards Glasvaerker）由奥尔拉·尤尔·尼尔森（Orla Juul Nielsen，1899—1928）和雅各布·邦（Jacob Bang，1899~1965）设计完成"理念"（Ideelle）、"跳动的玻璃"（Skipsglass）和"夏洛特阿马利亚"（Charlotte

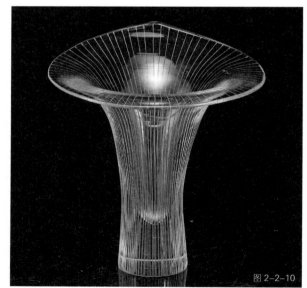

图 2-2-7
奥勒福什·格拉斯布鲁克水杯设计制作于 20 世纪 30 年代玻璃吹制和刻花工艺。

图 2-2-8
"跳动的玻璃"酒具

图 2-2-9 "萨沃伊"花瓶
阿尔瓦·阿尔托设计于 1936 年，制作生产至今

图 2-2-10 "坎塔瑞丽"玻璃花瓶
塔皮欧·维卡拉设计于 1947 年，制作生产至今

图 2-2-11 玻璃艺术工作室运动的先驱
多米尼克·拉比诺　美国

图 2-2-12　玻璃艺术工作室运动的先驱
哈维·利特尔顿　美国

Amalie）玻璃酒杯系列。（图 2-2-8）

　　斯堪的纳维亚半岛的另外一个国家芬兰的玻璃设计界更可谓是群星璀璨，纽阿嘉威玻璃制造工厂（Nuuaiarvii glassworks）自 20 世纪初就引领着整个行业的潮流。而在 20 世纪 20 年代至 30 年代，芬兰瑞马吉（Riihmaki）玻璃制造厂的产品，是由阿图·布鲁默（Arttu brummer，1891—1951）主持设计的。现代建筑的先驱者阿尔瓦·阿尔托（Alvar Aalo，1898—1976）也热衷于设计玻璃器具，其最著名的代表作是 1936 年制作的"萨沃伊"花瓶，由卡尔胡拉（Karhula）玻璃工厂制作。（图 2-2-9）塔皮欧·维卡拉（Tapio Wirkkala）设计的"坎塔瑞丽"（Chanterelle）花瓶系列、塔皮欧高脚杯系列以及"天涯海角"系列至今依然被奉为现代玻璃设计的经典。（图 2-2-10）

　　1962 年，在俄亥俄州的哈利顿美术馆举办了艺术研讨会。美国艺术家哈维·利特尔顿（Harvey Littleton）与化学家多米尼克·拉比诺（Dominick Labino）合作，开发了一种玻璃配方，这种配方可以实现使用小型设备在艺术家工作室完成玻璃的熔融制作。（图 2-2-11、图 2-2-12）这一创新开创了国际工作室玻璃运动的先河，为他后续在欧美高校中推行学院玻璃艺术提供了可能。这种走向独立艺术表达路线的运动开始模糊工艺、设计和艺术之间的界限，玻璃成为当代艺术表现的一种重要艺术媒介。

第三章　窑制玻璃艺术

　　铸造玻璃可能是最古老的玻璃制造形式，在玻璃工艺发展之初，古埃及和两河流域的玻璃工匠就使用陶瓷模具铸造玻璃制品。当时青铜工艺中的"失蜡法"铸造技术也用于玻璃铸造，但是如何把高温玻璃浇铸进入到模具中，学界的说法并不一致。现代玻璃铸造会根据模具材料的不同选择不同的浇铸方式，如金属模具、石墨模具、耐火石膏模具、中温陶制模具。本教材以适用于学校及个人工作室窑炉创作的高温石膏模具和陶土模具铸造为主展开学习。（表3-1）

表3-1　铸造玻璃模具性能比较表

模具使用次数	一次性使用		可循环使用	
材质	耐高温石膏	高铝硅	铁/不锈钢	石墨
制作成本	低	高	中/高	高
最高工作温度	900℃~1000℃	约1650℃	1200℃~1260℃	未知
玻璃退火方式	无需脱离模具，含模退火		脱模退火或含模退火	脱模退火
脱模方式	剥除/浸水/冲洗	高水压冲洗	分片模具打开/直接脱离	分片模具打开/直接脱离
铸件精密度	中	高	中/高	高
铸件表面	半透明/粗糙	半透明/粗糙	光滑	光滑
铸件后期加工需求	需要打磨和抛光		基本不需要后期加工	
适用范围	单件或小量生产		大量生产	

第一节　现代玻璃艺术窑制技法的发展

　　窑制玻璃是玻璃铸造工艺中的一种，是使用窑炉把冷却状态的玻璃材料在耐火材料模具上方或内部加热，使玻璃软化或熔融后贴合模具的造型从而完成玻璃铸件。在公元前2世纪之前，所有的玻璃要么是由熔化的玻璃丝缠绕在一根装满砂芯的金属棒上形成的，要么是在模具中铸造的。在罗马时期使用过由两个或两个以上组成的模具来制造玻璃器皿，玻璃在坩埚中熔融后浇铸到模具中，或者在模具中填充玻璃粉末加热呈液态后填充进模具。随着公元1世纪左右吹制玻璃工艺的兴起，玻璃铸造制作器物很长时间都较少使用。

　　19世纪末亨利·克罗斯（Henri Cros）对古老的铸造工艺产生了兴趣，用玻璃粉烧铸造法（pâte-de-verre）创作作品，他使用玻璃粉与胶黏合剂混合并贴合在模具的特定区域，这种工艺的特点是把玻璃色彩定位于作品所需要的位置，装饰性很强。亨利和法国雕塑家阿尔伯特·达穆塞（Albert Dammouse）共同创造的作品

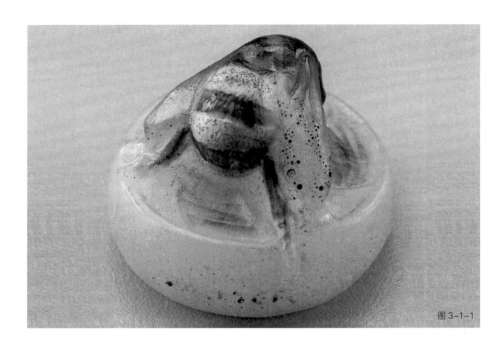

图 3-1-1
作品："蜜蜂"镇纸 玻璃粉料粘烧工艺
作者：阿尔玛特·瓦尔特　法国
创作时间：1920 年

在 1900 年法国巴黎举行的世界博览会上获得金奖。

玻璃粉料粘烧技法（pâte-de-verre）对当时法国著名陶艺师阿尔玛特·瓦尔特（Amalric walter）产生深刻的影响，1904 年阿尔玛特开始为法国南锡著名的道姆玻璃（Daum Glass）设计产品，他将亨利·克罗斯发明的玻璃粉烧铸造法在材料和工艺上不断改进，一生制作了 600 多件令人叹服的作品。阿尔玛特在新艺术运动时期远没有同胞艾米尔·加勒、雷内·拉利克有名，但是他的玻璃雕塑作品形态栩栩如生，色彩柔和逼真，大部分是非常写实地表现植物、动物的主题，作品呈现的质感与传统玻璃截然不同。（图 3-1-1）

第一次世界大战前后，雷内·拉利克（René Lalique）的新装饰风格的玻璃艺术产品引领时尚。他设计香水瓶、烟灰缸、装饰花瓶、餐具、灯具、汽车标志等虽然是由机械化生产，但是丝毫不影响作品的艺术质量。他与雕塑家莫里斯·伯格林（Maurice Bergelin）共同合作开发了一项失蜡法铸造的专利技术：用耐火黏土或石膏混合物制成耐高温模具，通过加热使蜡从模具内部熔化，形成中空模具；然后，玻璃通过吹塑或浇铸的方式被注入模具，慢慢冷却后打开耐火模具取出铸件。这种使用耐高温外模方式也是目前窑制玻璃主要的模具制作。

雷内·拉利克设计制作香水瓶步骤。（图 3-1-2、图 3-1-3、图 3-1-4、图 3-1-5、图 3-1-6）

斯坦尼斯拉夫·李宾斯基（Stanislav Libensky）和他夫人雅罗斯拉夫·布里奇托娃（Jaroslava Brychtova）是现代窑制玻璃艺术技术发展和理论研究的奠基人。他们开创、探索、发展并定义了铸造玻璃作为当代雕塑艺术的媒介。

李宾斯基夫妇对于现代玻璃艺术的影响首先在于将玻璃中独有的透明性的视

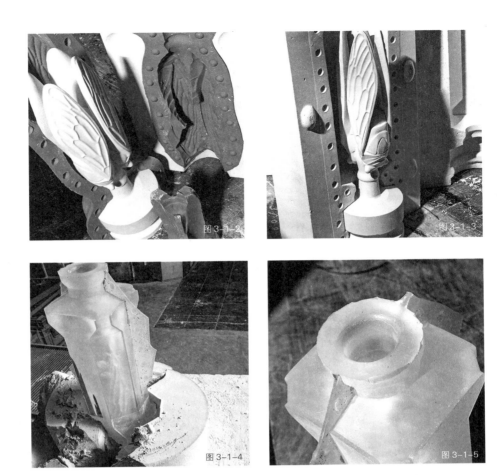

图 3-1-2
使用胶模翻制出耐高温石膏内核。

图 3-1-3
结合石膏外模，倒入熔化的蜡液，蜡液冷却后取出一个包裹着耐高温石膏的香水瓶蜡模种。

图 3-1-4
香水瓶蜡模种用耐高温石膏包裹，并通过水蒸气脱蜡之后，在电窑炉内将玻璃块料溶液填入，在炉内冷却至室温后拆除石膏模具取出玻璃铸件。

图 3-1-5
将玻璃瓶内的耐高温石膏小心地取出。

图 3-1-6 Quatre Aigles 香水瓶
雷内·拉利克设计于 1911 年，沿用制作至今

觉形式结合到抽象雕塑形体结构中并产生互动，并且建构了相关的理论研究，从而超越了玻璃的传统用途，使玻璃在现代艺术中具有了独立的艺术语言。他们合作的第一个重大项目是 1958 年布鲁塞尔世界博览会上捷克馆的混凝土隔墙中的装饰雕塑：动物造型的石头（Zoomorphic Stone），作品将布里奇托娃的铸造玻璃与李宾斯基的色彩和绘画技巧结合起来，使两位艺术家的专业风格获得了新突破，在玻璃艺术上出现新的表现方式：玻璃负空间浮雕。（图 3-1-7）

在以后几十年的创作中，两位艺术家一直在继续实践工作室窑制玻璃艺术以及研究玻璃作为艺术媒介的真实本质。20 世纪 60 年代李宾斯基夫妇的作品在造型上趋于抽象，集中于表现玻璃雕塑内部结构与玻璃光学性质的关系。使用单色调玻璃体块中正负形的对比表现颜色的深浅变化，使作品介质内的变化趋于多重性。光和影在一个统一的团块中产生大量的色调，无论是明的还是暗的，都使内部结构的实际深度产生多维的纵深性。布拉格圣温塞斯拉斯教堂（St. Wenceslas Chapel，1966-1968）的玻璃艺术窗户（图 3-1-8）和圣保罗双年展（1965 年）的蓝色和灰色构图（Compositions in blue and gray，图 3-1-9）是他们朝着简单和抽象

图 3-1-7
作品：动物造型的石头（局部）
作者：斯坦尼斯拉夫·李宾斯基、雅罗斯拉夫·布里奇托娃　捷克
创作时间：1958 年

图 3-1-8
作品：布拉格圣温塞斯拉斯教堂的玻璃艺术窗户
作者：斯坦尼斯拉夫·李宾斯基、雅罗斯拉夫·布里奇托娃　捷克
创作时间：1968 年

图 3-1-9　"生命之河"创作稿
作者：斯坦尼斯拉夫·李宾斯基、雅罗斯拉夫·布里奇托娃　捷克
创作时间：1968 年

图 3-1-7

图 3-1-9

图 3-1-8

图 3-1-10　"生命之河"（局部）
作者：斯坦尼斯拉夫·李宾斯基、雅罗
斯拉夫·布里奇托娃　捷克
创作时间：1968 年

图 3-1-11　孰轻孰重（What then shall
we choose? Weight or Lightness?）玻
璃窑制铸造
作者：斯坦尼斯拉夫·李宾斯基、雅罗
斯拉夫·布里奇托娃　捷克
创作时间：1976 年

图 3-1-12　金字塔的绿色之眼（green
eye of the pyramid）
作者：斯坦尼斯拉夫·李宾斯基、雅罗
斯拉夫·布里奇托娃　捷克
创作时间：1998 年

方向发展的主要标志。

　　其次，李宾斯基夫妇在铸造大尺寸玻璃雕塑方面具有非凡的技术，实现了艺术家在工作室完成玻璃窑炉铸造。铸造玻璃受熔炉、模具的设备所限，艺术家、设计师在制作相关作品时往往必须依托于工厂的条件，而且一般铸件都不会很大。第二次世界大战之后，一些艺术家逐渐发展用窑炉铸造玻璃制作较大的雕塑的技术。最初李宾斯基夫妇的大型铸造玻璃公共艺术作品以分块的玻璃浮雕的悬挂、综合材料装置等方式完成。如 1968 年完成的布拉格圣温塞斯拉斯教堂的大窗和 1965 年圣保罗双年展的蓝色和灰色构图，1970 年大阪世界博览会上创造的生命之河（The River of Life），长 22 米、高 4.5 米，由 200 幅浮雕组成，具有纪念碑般象征意义，是李宾斯基朝着简单和抽象风格发展的主要标志。（图 3-1-10）随着对窑炉铸造工艺的日趋完善，他们不断地挑战更大尺寸的单件雕塑作品，这些大型玻璃雕塑制作的宝贵经验也成为现在玻璃窑制技法学习的主要理论依据。（图 3-1-11、图 3-1-12）

　　李宾斯基夫妇在世界玻璃艺术教育方面也有卓越的贡献。1953 年李宾斯基在布罗德玻璃制造专科学校担任负责人；1963 年，李宾斯基就任布拉格应用艺术学院教授。李宾斯基的学生包括缇希·达利波（Dalibor Tichy）、伊万·马斯托娃（Ivana Masitova）、米歇尔·马查特（Michal Machat）等，影响了几代玻璃艺术工作者，为窑制玻璃艺术在全世界各地的传播推广发挥了重要作用。（图 3-1-13、图 3-1-14）

　　基思·卡明斯教授（Prof. Keith Cummings）是英国著名的玻璃艺术家，英国玻璃工作室运动和窑制玻璃艺术的发起者，在他的倡导和实践下，窑制玻璃成为当今工作室玻璃艺术主流形式。在 20 世纪 50 年代末，他就读于杜伦大学学习美术，导师有引领时代的抽象画家维克多·帕斯莫尔（Victor Pasmore）以及波普艺术的领军人物理查德·哈密尔顿（Richard Hamilton），杜伦大学还有当时玻璃艺术设施。在这里，基思·卡明斯教授学习了玻璃技法并于毕业后在伦敦的 Whitefriars 玻璃公司工作，从事建筑玻璃设计制造。之后在斯图布里奇艺术学院（Stourbridge art college）和英国皇家艺术学院担任导师，1993 年担任伍尔弗汉普顿大学（University of Wolverhampton）玻璃艺术专业的负责人。基思·卡明斯教授的玻璃艺术作品以窑制玻璃铸造及玻璃粉烧工艺为主，受 20 世纪 60 年代末期玻璃工作室运动对英国的影响，作品充满想象力，他早期在绘画、陶艺方面的经验帮助他在形式、材料应用上不断尝试创新，充满实验性。（图 3-1-15）

　　基思·卡明斯教授同时是一位非常严谨的学者。作为 20 世纪 60 年代玻璃工作室运动在欧洲传播的亲历者，他主要研究玻璃艺术的历程以及窑制玻璃的技法

图 3-1-13　珊瑚礁 玻璃窑制铸造
作者：缇希·达利波　捷克
创作时间：1982 年

图 3-1-14　蓝珊瑚　玻璃窑制铸造
作者：伊万·马斯托娃　捷克
创作时间：2020 年

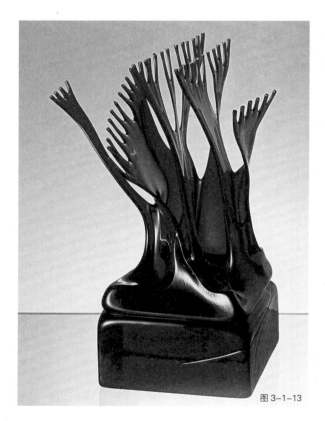
图 3-1-13

图 3-1-14

图 3-1-15
作者：基思·卡明斯教授 英国

图 3-1-15

演变，撰写了《窑制玻璃技法》（*Techniques of Kiln-formed Glass*，1997 年）、《玻璃成型的历史》（*A History of Glassforming*，2002 年）、《当代窑制玻璃艺术》（*Contemporary Kiln-formed Glass*，2009 年）等一系列专著，是窑制玻璃艺术近 50 年发展的归纳总结。他在担任伍尔弗汉普顿大学玻璃艺术专业负责人期间，多次作为学校与中国各艺术学院玻璃艺术交流项目的导师，不遗余力地传授艺术观念和工艺技法，对中国的现代玻璃艺术的启蒙与发展做出了杰出贡献。

第二节　窑制玻璃技法基础知识

通过电窑炉的加热，玻璃在炉膛内可升温至500℃~1000℃，在这个温度范围内，玻璃在电窑炉中会出现形态的改变，从而使艺术工作者们实现多种窑制工艺。

一、玻璃在电窑炉内升温过程中的形态变化

这里以图示的形式概述了国内热熔玻璃片在不同温度范围内的物理形态变化。这种变化不是绝对的，根据电窑炉的温差、设定的加热周期不同会有一定的差异，透明浮法玻璃（窗玻璃）的温度范围略比热熔玻璃的温度高约30℃。

1. 540℃以下，单层、多层玻璃，没有明显的变化，边缘依然很锋利。（图3-2-1）

2. 540℃~680℃，在这个范围的上限，单层玻璃的边缘开始变得柔软圆润。玻璃开始软化，像黏稠的液体，但仍能保持它原来的形状，这一阶段是它从固体到液体的变化范围。大多数绘画或搪瓷都是在这些温度下完成。如果没有支撑物，600℃以上玻璃会弯曲、变形、坍落。除非在此温度区间保温时间很长，否则多层的玻璃不会产生热熔粘连在一起。在620℃~680℃的温度范围多层玻璃中夹层的空气会被排挤出来。（图3-2-2）

3. 680℃~730℃，单层玻璃边缘有轻微发散性的尖角，玻璃表面开始圆滑。如果在这个温度下，玻璃冷却后表面看起来有了光泽。因此，玻璃制品可以在这个温度做热抛光处理。如果长时间保持在730℃，玻璃原料会出现析晶的情况，造成玻璃失透。同时，玻璃在此温度区间产生热熔粘连，多层玻璃冷却后会粘连在一起。只需要表面融合烧成的作品，在这个温度阶段可以完成。（图3-2-3）

4. 730℃~760℃，表面张力使单层的玻璃片开始出现收缩，变得中间薄、两端厚，冷却后边缘不规整，呈圆珠状。多层玻璃在此温度区间冷却后粘连在一起，上部的边缘呈圆弧状。请注意：这个温度下保温时间长的话会发生结晶。（图3-2-4）

5. 760℃~810℃，单层玻璃的中心区域变得非常薄，周围会变得较厚，冷却后边缘非常锐利。多层玻璃在此温度区间实现完全熔融，一般热熔玻璃作品不会超过这个温度区间。玻璃会完全熔融，形体呈散溢状摊开。浅浮雕或简单形体的铸造作品可以在这个温度区间完成。（图3-2-5）

6. 810℃~870℃，单层玻璃如果底部空气无法排开，空气将会在玻璃片中心出现一个鼓包。多层玻璃夹层中无法排散的空气可能会浮到顶层的表面。在此温度区间高温黏度继续下降，玻璃有了更大的流动性，足以填充模具中的精细部分。一般铸造玻璃造型可以在这个温度区间内完成。（图3-2-6）

7. 870℃~930℃，单层玻璃中的气泡会撑破表层，玻璃像浓浆一样流动。多层玻璃从下层升起的气泡将下层的玻璃拉起至表面。（图3-2-7）

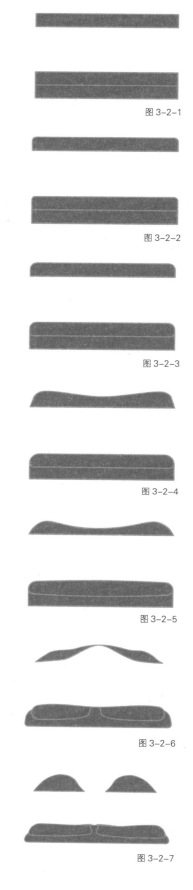

图3-2-1

图3-2-2

图3-2-3

图3-2-4

图3-2-5

图3-2-6

图3-2-7

二、玻璃窑制技法过程中的升温和降温

了解玻璃在不同温度范围内的物理形态变化，对我们制定作品的烧成曲线有很大的帮助，从而实现控制电窑炉内的玻璃达到工艺成型要求。另外制定烧成曲线的重要目的还在于将玻璃从高温恢复至室温，释放玻璃内部应力，避免玻璃制品出现开裂等缺陷。

每个玻璃艺术工作者都会有自己的烧成方式，玻璃在一定的取值范围内形态变化在一个可控的程度差异，因此烧成曲线设计往往会根据作品尺寸、玻璃原料以及个人需要和习惯有很多的差异。但是可以总结为以下七个阶段，分为升温、降温过程。

1. 升温过程

① 初始加热阶段，室温至 530℃。

玻璃在 450℃之前，如果加热过快，可能会出现破裂的情况。为了确保电窑炉内的玻璃制品均匀地达到这个温度，因此，必须延长初始加热阶段时间和提高窑炉内的温度到 530℃，通常在模具干燥的情况下，以 100℃/小时升温到这个温度。电窑炉尺寸越小，加热速率可以越快。

② 预加热阶段，620℃~670℃。

在快速升温之前，为了玻璃内部温度平均，可以先均匀加热至 620℃~670℃，并停留 5 分钟，可以使多层玻璃夹层或缝隙间的气体排出。

③ 玻璃成型阶段，530℃（或者 620℃~670℃）。

加热至成型温度。快速地达到所需要的温度，以避免析晶现象的发生，但注意不要使气泡被夹在中间层。

根据作品的工艺在各自最高的成型温度进行保温，保温的时间根据作品造型来设定；同样的效果也可以稍微降低成型温度而拉长保温温度实现。如果条件允许，尽量使用后一种方法达到烧成要求。

2. 降温过程

快速降温阶段。快速冷却至退火温度（540℃~480℃），尽可能快地降温到各个玻璃类型的退火温度，可以减少析晶现象发生，提高玻璃的透明度，有通风孔开关控制的窑炉可打开通风孔帮助快速降温。

3. 退火点保温阶段

① 在玻璃的退火点（540℃~460℃）进行保温。

退火是指消除或减少玻璃中热应力至允许值的热处理过程。退火主要是为了消除玻璃的永久性应力。退火点一般是低于玻璃软化温度 10℃。

退火第一阶段是在退火点保温，这有助于玻璃制品内外的温度均匀。玻璃受热时会膨胀，冷却时则收缩，这个过程会在玻璃内部产生应力，尤其玻璃的内部、

表面以及厚薄差异非常大的制品。

　　② 降温到玻璃应力点阶段（460℃~370℃）。

　　退火的第二个阶段是通过前一个步骤使玻璃内外部均匀降温到退火点温度后，接下来需要一个较长的降温程序将温度降至玻璃应力点，继续释放应力。所需的冷却速度取决于玻璃制品的大小以及造型。

　　③ 退温到室内温度阶段（370℃~20℃）。

　　冷却是指玻璃在退火过程之后，通过匀速地降温到室内温度。

　　玻璃冷却这个阶段相对前一阶段较快，如果是中等尺寸的玻璃制品可以在370℃时以 30℃ / 小时降温至 80℃结束程序，让玻璃自然冷却至室温。而更厚或者厚薄不均匀的制品可以设置每小时 10℃~20℃降温到 80℃结束程序，让玻璃自然冷却至室温。

第三节　窑制玻璃材料和设备

玻璃铸造方式有两种：一次浇铸和二次浇铸。一次铸造使用玻璃原材料熔化而成；二次铸造是用现有的玻璃料（片、块、粉状等）重新加热，直到（半）液态物质能够流动并填充模具后成型。一次浇铸的主要工艺是热成型（熔体淬火），二次浇铸的主要工艺是窑炉烧制。窑制玻璃是采用二次浇铸的方式完成作品造型，玻璃熔融的温度较低，在操作上安全性更好，适合教学和工作室环境进行创作。

一、窑制玻璃艺术的主要材料

1. 玻璃料

窑制玻璃采用二次浇铸的方式完成，玻璃料使用制备好的玻璃料块（片、粉状）。根据玻璃组成成分，日常使用玻璃可分为六类：钠钙硅酸盐、硼硅酸盐、铅硅酸盐、铝硅酸盐、96% 硅酸盐和石英玻璃。

玻璃可以通过不同的制造工艺和多种不同成分组成的配方制成，而这些配方又为材料提供了不同的性能。由于钠钙硅酸盐玻璃、铅硅酸盐玻璃(无铅晶质玻璃)、钾钙硅酸盐玻璃（无铅晶质玻璃）、硼硅酸盐玻璃可以在较低的熔化温度下的可加工性，因此它们是窑制玻璃艺术主要用到的玻璃类型。钠钙硅酸盐玻璃是常用的窑制玻璃类型（如 Bullseye 牌、Glasma 牌玻璃），通常含有 60%~75% 的二氧化硅、12%~18% 的钠、5%~12% 的石灰和少量其他调整物，它的特点是化学稳定性较好但是抗热震性有限，用于制造浮法玻璃、瓶子等容器，桌子和装饰玻璃器皿（3-3-1）；铅硅酸盐玻璃含有一定比例的氧化铅（$PbO \geq 24\%$ 为中铅晶质玻璃），相对前者高温黏度更低，折射率高使它看起来更为通透，较低的莫氏硬度因此容

图 3-3-1
玻璃热熔、热弯工艺使用的玻璃原料一般为钠钙硅酸盐玻璃

图 3-3-1

图 3-3-2

图 3-3-3

图 3-3-2
铅硅酸盐玻璃颜色块料

图 3-3-3
不同的玻璃品类、颜色之间的混烧，由于膨胀系数的问题，有时会出现不兼容。

易完成冷加工，是较常用的窑制玻璃材料（图 3-3-2），也常用于餐具和切割雕刻玻璃，不足之处是玻璃器物容易出现划痕以及不适合户外使用；钾钙硅酸盐玻璃（无铅晶质玻璃）是捷克传统的艺术玻璃的主要玻璃料，通常含有 75%~77% 的二氧化硅、5%~6% 的氧化钙、4%~5% 的氧化钾、10%~12% 的氧化钠及少量其他调整物；硼硅酸盐玻璃，即含至少 5% 氧化硼的硅酸盐玻璃，具有相当低的热膨胀系数，这增加了对热冲击的抵抗力并缩短了退火时间，但是由于硼硅酸盐玻璃高温黏度高因此只适合热熔、热弯工艺，一些工作室玻璃艺术家使用硼硅酸盐玻璃进行户外雕塑。其他玻璃类型如铝硅酸盐玻璃、96% 硅酸盐玻璃和石英玻璃一般用于工业应用。

玻璃料进行混合烧制时，一定要确保玻璃料之间的兼容性，膨胀系数不一样的玻璃一定不能混料烧成。（图 3-3-3）

2. 耐高温石膏

窑制玻璃使玻璃软化或熔融后贴合模具的造型从而完成玻璃铸件，需要用到耐高温石膏模具。窑制模具可以使用耐高温石膏、研磨铝硅纤维陶瓷、中温陶等制作。

耐高温石膏模具容易操作、制作成本低，耐高温石膏在高温时强度高，不易破损，经过烧制后虽有一部分残留在玻璃艺术品表面，用水浸泡和打磨后即可清除。如用陶土制成外模，高温时会与玻璃反应粘附在玻璃艺术品上，不易去除。最重要的是可以根据不同的铸件造型调整石膏配比以便于模具在注满玻璃后在保温和冷却阶段各个部位可以均匀受热。

市面上已经制备好的耐高温石膏可以满足大部分造型和尺寸的玻璃铸件使用，如果铸件的造型特殊、尺寸较大，或者对于模具的内、外层有不同的性能需要，那么就需要考虑调整石膏粉配方完成耐高温模具，另外过大的玻璃造型需要在模具外围用铜丝、金属网或金属板捆绑加固，防止高温下模具开裂从而产生高温玻璃溶液溢出。

3. 铸造蜡

铸造蜡是用于制作蜡模种的材料，从强度质感方面分为硬蜡和软蜡两种（图3-3-4）。两种蜡都可以灌注进硅胶或石膏模具中制作蜡制的模种。硬蜡在常温下不易变形，较适合大件作品的蜡模浇铸，但是可塑性较差；软蜡可通过电吹风软化后具有一定的可塑性，一般用于手工蜡模捏制或对于蜡模的外形修补。两种蜡可以按比例混合使用达到不同的创作需求。

图 3-3-4
铸造需要使用的蜡

图 3-3-4

图 3-3-5

图 3-3-6

图 3-3-5
数控熔蜡炉

图 3-3-6
数控脱蜡箱

二、窑制玻璃所需要的设备

窑制玻璃设备主要包括蜡模的熔蜡和脱蜡设备、窑炉设备、冷加工打磨设备。

1. 熔蜡和脱蜡设备

"失蜡法"玻璃铸造工艺需要制作蜡模种，熔蜡炉是通过温控表加热炉缸至60℃~70℃融化铸造蜡。（图3-3-5）

脱蜡设备为低温脱蜡设备，主要分为小型锅炉、脱蜡仓和温度控制器三部分，工作原理为利用锅炉加热水产生蒸汽，从而将脱蜡仓中的高温含蜡石膏模中的蜡融化后，排出到容器中。（图3-3-6）

2. 窑炉设备

窑制玻璃（彩绘、铸造、热弯、热熔等）艺术最重要的设备是窑炉。玻璃工作室使用的玻璃熔融窑炉有不同的形制。最适合的是电窑炉，通过数字控温箱来控制炉内温度，根据指定的升温曲线加热和保温，按退火温度进行退火。在控温表中预先设置烧制程序，自动电窑炉可以自动完成整个烧造过程，同时有一个恒定的氧化气氛，因此，玻璃中的金属氧化物呈色更为稳定、窑炉内热量分布和温度变化更易于控制。

选择电窑炉主要基于价格、尺寸、窑炉门打开方式、控温表、隔热效果等几个因素，因此设备的预算、创作主要使用的窑制玻璃技法和作品尺寸是首选需要考虑的。电窑炉外形以立方体箱式为主，也有多边形（如六角形、八边形、圆形等），分为上开门式（上掀式）和前开门式（轨道式窑炉）。前开门式装卸玻璃制品比较方便，所以一般小型玻璃制品用上开门式窑炉，大型的电窑炉则用前开门式窑炉。（图3-3-7、图3-3-8）

图 3-3-7
上掀式电窑炉

图 3-3-8
侧开式电窑炉

图 3-3-9
注水式切割机

图 3-3-10
注水式平板研磨机

3. 冷加工设备

在常温下，通过机械等方法来改变玻璃及玻璃制品的外形和表面状态的过程，称为玻璃的冷加工。冷加工的基本方法有：研磨、抛光、切割、钻孔、喷砂、刻花、彩绘、酸蚀、丝网印刷等。

窑制玻璃艺术品从模具中取出后，往往会根据需要首先进行切割、磨边、研磨、抛光、钻孔等处理。另外还有一些装饰玻璃、艺术玻璃（如彩绘、浮雕等），需要特定的工艺加工，这些均属于玻璃的冷加工。冷加工设备主要有切割、研磨抛光、喷砂、雕刻等几类。（图 3-3-9、图 3-3-10、图 3-3-11、图 3-3-12、图 3-3-13、图 3-3-14）

图 3-3-7

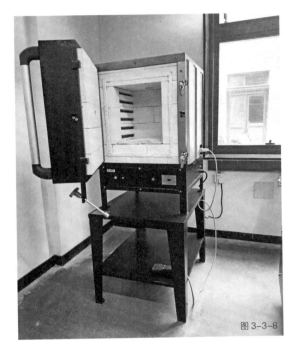

图 3-3-8

图 3-3-9

图 3-3-10

图 3-3-11
平板研磨机

图 3-3-12
注水式平砂轮研磨机

图 3-3-13
玻璃喷砂机

图 3-3-14
玻璃车刻机

第四章　窑制玻璃技法——彩绘、热熔、热弯和铸造

　　窑制玻璃技法是通过窑炉加热预制好的玻璃料（块状、颗粒状、粉末状、片状），均匀地使其高温黏度逐渐变化。通过前面内容对玻璃特性的了解，我们知道玻璃在一定高温下不会像水一样沸腾和蒸发，也不会像金属一样具有精确的熔点，会在熔点的温度下忽然发生形态的改变。以钠钙硅酸盐玻璃为例，在580℃左右时，玻璃会像竖立放置的卡纸一样出现弯曲，在继续加温后，形态就会像加热后的麦芽糖一样拉伸、粘合、缓慢流动，随后通过快速降温使玻璃凝结成它在最高温下呈现的形式。

　　根据这种特性，我们在窑炉中可以实现玻璃彩绘、热熔、热弯和铸造工艺。

第一节　玻璃彩绘

　　彩绘玻璃是用玻璃釉彩颜色在玻璃制品表面进行装饰，然后通过低温烧制后使之赋彩。彩绘玻璃在公元1世纪至4世纪比较流行，古罗马人常用陶釉彩绘、冷彩绘、镀金相结合的方式装饰玻璃艺术品，延续至今，一直是用于在玻璃上创建各种图像类型的主要技术。（图4-1-1）

图4-1-1　"帕里斯盘"（Paris Plate）
制作于公元3世纪至4世纪
"帕里斯盘" 发现于今叙利亚，描述的是古代神话故事。盘子使用的是玻璃彩绘 "背面作画" 法，以便能透过玻璃看到正面的绘画，这种画法是先在画面上描绘细节，然后再补充背景。

图4-1-1

图4-1-2

一、玻璃彩绘步骤

玻璃彩绘的方法与陶瓷釉上彩绘类似，是将低温玻璃釉彩色剂或玻璃颜色粉末，与黏合剂（如阿拉伯树胶）、乳香油等调和介质混合，使其具有黏性后，再使用画笔彩绘。通常彩釉颜色在烧制前与烧制后会在色相、明度、饱和度上存在一定色差，在创作前我们需要制作相关的试片加以研究。

二、彩绘玻璃材料

1. 浮法玻璃

浮法玻璃，又称窗玻璃，是以硅酸盐为原材料，经1300℃高温炉熔融成液态，流经锡水表面成型，为钠钙硅酸盐玻璃。浮法玻璃有各种尺寸和厚度，可以通过钢化增强其强度，是最常用的玻璃彩绘类型。（图4-1-2）

2. 仿古玻璃

仿古玻璃通常是指使用压制和压辊成型的铅硅酸盐平板彩色玻璃，有多种颜色可供选择，厚度和表面稍不均匀。仿古玻璃可以像浮法玻璃一样进行彩绘和印刷。

3. 热塑玻璃

热塑玻璃包括吹制玻璃和灯工玻璃。通常在热塑玻璃上完成彩绘装饰后，通过整体或局部加热使玻璃制品实现二次塑型，从而实现扭曲重叠的效果。（图4-1-3、图4-1-4）

4. 铸造玻璃

铸造玻璃可使用模具实现各种造型的作品，与前面几种玻璃相比，铸造玻璃通常更厚，因此彩绘后的装饰图案看起来更有层次感。（图4-1-5、图4-1-6）

图 4-1-5

图 4-1-3　"蜻蜓"花插　玻璃吹制
彩绘
作者：凯瑟琳·马斯克（Cathrine Maske）
挪威
创作时间：2009 年

图 4-1-4　冬季之旅　玻璃吹制　彩绘
作者：詹姆斯·马斯克里（James
Maskrey）　英国
创作时间：2011 年

图 4-1-5　"六万二千"（Sixty-Two
Thousand）　玻璃铸造、彩绘
作者：吉纳·泽塔（Ginaz Zetts）　美国
创作时间：2013 年

图 4-1-6　无题　玻璃印刷、铸造
作者：凯特·贝克尔（Kate Baker）　澳
大利亚
创作时间：2011 年

图 4-1-6

5. 釉彩颜料

玻璃彩绘使用的颜料是釉彩着色剂。通常是粉末状颜料的形式，使用胶性媒介物或水溶，在电窑炉中通过热作用形成的玻璃状物质附着于玻璃制品。

釉彩颜料着色剂实际上是一种"珐琅质"，是烧成后的玻璃熔块粉末与金属氧化物粉末混合后作为着色剂，有不透明或透明两种形式。专门用于玻璃的釉彩

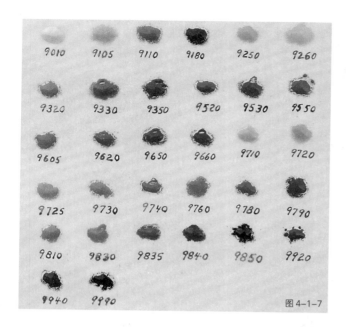

图4-1-7

图4-1-8

温度较低（约550℃~650℃）；也可以使用陶瓷釉上颜色，但是温度相对较高（约750℃~850℃）。

其他还可以使用镶嵌玻璃颜色、金箔、银箔或彩光水作为彩绘玻璃的颜料。（图4-1-7）

6. 调和介质物

水、阿拉伯树胶、丁香油、乳香油都可以作为釉彩颜色的调和媒介物，调好的颜色可以通过勾描、涂、刷等方式装饰玻璃。（图4-1-8）

三、玻璃彩绘制作过程

1. 彩绘

① 准备好玻璃片，使用玻璃清洁剂清洁表面污垢后晾干备用。

② 把粉末状的釉彩颜料用适量调和介质（阿拉伯树胶、乳香油等）调好，放置于碟子中，用油画刮刀揉搓均匀。

③ 使用毛笔勾描。

④ 使用海绵、毛笔进行填色装饰。

⑤ 放置于电窑炉低温烧制。

2. 贴画纸装饰

① 准备好玻璃片，使用玻璃清洁剂清洁表面污垢后晾干备用。

② 使用玻璃釉彩或陶瓷釉彩颜色的贴画纸，根据需要剪下装饰图案部分。

③ 用水浸泡5分钟左右，背胶脱落，使用镊子夹起贴纸。

④ 在玻璃制品表面粘贴平整，晾干。

⑤ 放置电窑炉烧成。

图4-1-7　玻璃釉彩颜料

图4-1-8
树胶是一种非常好用的调和介质，使用适量酒精浸泡一夜即可使用。

第二节　玻璃热熔

熔融玻璃是最古老的玻璃成型技法之一。热熔是指将两块或多块玻璃通过加热到软化温度从而相互粘合的一种工艺。

玻璃是固态的非结晶体结构，因此不能像金属一样进行局部加热焊接。融合一块玻璃到另一块，整体的两部分必须在相同的温度下完成（连接面积较小可以通过玻璃灯工艺使之局部加热熔合）。因此需要将它们放置于电窑炉中升温使之融合在一起。玻璃热熔技法可以制作平面装饰、浮雕或立体造型。

热熔玻璃有悠久的历史，公元前 200 年左右，古希腊时期的玻璃匠人们即用彩色玻璃棒切割成片，在陶制模具中热熔成型为玻璃盘，在夹层之间还融入了银箔和金箔，成型后切割、抛光，做成精美的奢侈品。这件作品（图 4-2-1）是罗马帝国的玻璃制造者用手工制作了精美的碗，将被称为 millifiore 的细小金属棒熔合在一起（千花）。甚至更早的时候，埃及人还制作了小瓷砖以及将小玻璃片熔合在一起的护身符。

公元前 3 世纪下半叶古代希腊时期的马赛克玻璃器皿由彩色千花玻璃棒制成，这些带有螺旋或星形图案的千花棒切片后先热熔成一个圆盘，然后将圆盘放在一个半球形的模具上弯曲成型。后来，这种技术被用于古罗马的玻璃作坊。

热熔玻璃工艺应用十分广泛，如公共空间中的热熔玻璃柱、屏风、隔断装饰。任何类型玻璃，只要它们具有相同兼容性，不管什么形状（片状、丝状、管状），它们之间都可以熔合。通过模具的设计，不仅可以做成不同形状，而且还可以多次叠层，制作出层次感丰富的立体浮雕、圆雕。玻璃层叠之间洒上玻璃色釉粉末、

图 4-2-1　马赛克玻璃碗　玻璃热熔
约制作于古罗马时期，公元前 125–10 年

图 4-2-1

图 4-2-2

图 4-2-4

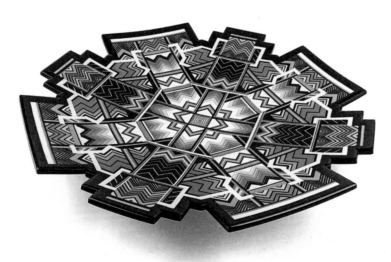

图 4-2-3

图 4-2-2 黑白墙饰 玻璃热熔
作者：伊恩·查德威克（Ian Chadwick）
英国
伊恩·查德威克是英国玻璃艺术家，他的作品主要通过将彩色玻璃条拼接、热熔合后，构成对称图案来表达他对有序的几何图案的理解，这些图案与教堂和曼荼罗玫瑰窗中的图案相似。

图 4-2-3 "尚未命名的对称构图"（As yet untitled symmetrical composition）
伊恩·查德威克（Ian Chadwick） 英国

图 4-2-4 蝶蛹系列之二
作者：米娅·塔沃纳蒂（Mia Tavonatti）
美国
创作时间：2018 年
米娅·塔沃纳蒂作品以大型马赛克装置作品为主，这些装置马赛克的灵感来自文艺复兴时期的意象和当代抽象雕塑。"蝶蛹系列之二"使用玻璃马赛克、玻璃棒，通过有序拼接后，放入电窑炉加热到 640℃左右热熔在一起。

发泡粉、金属片，甚至植物、小型动物骨骼等有机物，达到不同的效果。

热熔和铸造技法有很多类似之处，两者区别在于：首先，热熔成型温度比铸造法成型温度要低，相对应的高温黏度高，表面张力更大，玻璃之间相互扩散小，不同颜色玻璃相互间会有明显的分界线。其次，热熔玻璃的流动性也比铸造法小，不会完全充满模具的细节。热熔玻璃分为热熔平板玻璃和热熔块料玻璃以及热熔玻璃棒、丝等。（图 4-2-2、图 4-2-3、图 4-2-4）

一、玻璃热熔技法注意事项

首先确保热熔玻璃具有相同的膨胀系数，并且是相互兼容的。最为安全的方式是使用一种类型由同一制造商制造的玻璃制成。国内市场上使用的热熔玻璃原料通常分为三种型号，膨胀系数分别为85、92、95的钠钙硅酸盐玻璃。

在制作热熔玻璃作品之前，我们可以通过以下简单的方式测试手上使用的玻璃原料是否兼容：

1. 裁切主要使用的热熔玻璃片（约1平方分米）作为底板，清洁晾干。

2. 把其他几种需要热熔的玻璃片切成小块，放置于底板玻璃片上，用普通的胶水固定，做好记录。

3. 放置于测试用的小电窑炉中，200℃/小时匀速升温到780℃。

4. 自然退温到室温后取出，如果有肉眼可见的裂痕则说明玻璃之间不兼容。有时候玻璃之间裂痕不明显，这就需要使用偏振光镜检查热熔后的玻璃内部是否有不可见应力。

下面一组图片为不同玻璃试片的兼容性测试。（图4-2-5、图4-2-6、图4-2-7、图4-2-8、图4-2-9、图4-2-10、图4-2-11）

图4-2-5 单层彩色玻璃片兼容性测试

图4-2-6 夹层彩色玻璃片兼容性测试

图4-2-7 夹多层彩色玻璃片兼容性测试

图4-2-8 彩色玻璃棒兼容性测试

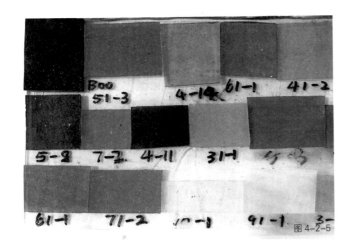

图4-2-5

图4-2-6

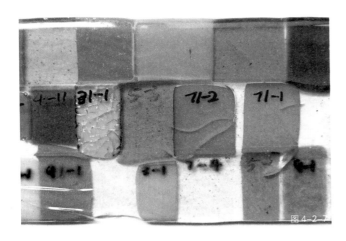

图4-2-7

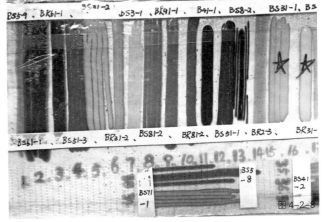

图4-2-8

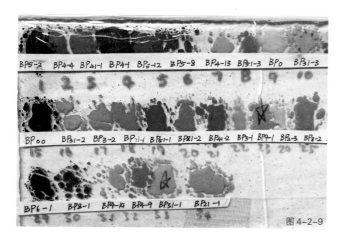

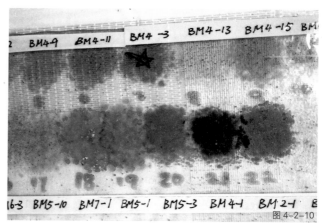

其次热熔玻璃所需的温度取决于所用玻璃的类型，但更重要的是作品所需要的熔合程度。玻璃通常在550℃~650℃左右就会产生粘连，温度升高黏度会降低，玻璃更接近液态，产生不同的软化效果。

几种常用艺术玻璃类型的温度：铅硅酸盐玻璃在650℃开始出现软化，在730℃~760℃期间出现明显塌陷；钠钙硅酸盐玻璃在700℃开始出现软化，在850℃~900℃期间出现明显塌陷；硼硅酸盐玻璃在820℃开始出现软化。

这些温度是一个取值范围，每座电窑炉都会因为尺寸、结构等因素有温差。例如大型电窑炉，往往靠近顶部温度更高；电窑炉内壁结构是陶瓷纤维板或高温窑砖，也会出现加热和冷却阶段的差异，这需要在计算时间时考虑到这些热差因素。在使用不熟悉的电窑炉前，可以使用测温锥记录炉膛内的实际温差确保温度的准确性。

另外，对于初学者来说，由于热熔过程中玻璃的软化、坍塌状态往往具有不可控性，因此，为了防止玻璃熔融过程中粘住电窑炉内的窑具（棚板、窑柱），需要在把玻璃放置于窑炉内之前，在可能出现接触的窑具上涂上隔离剂或者使用高温陶瓷纤维纸进行保护，还可使用高温耐火砖在玻璃周围筑上保护壁，防止高温下玻璃溢出。

二、平板玻璃热熔的课堂练习

平板玻璃热熔是将平板玻璃经过加热后熔合成型的艺术品和装饰品。顾名思

图 4-2-9　彩色玻璃颗粒料兼容性测试

图 4-2-10　单层彩色玻璃粉兼容性测试

图 4-2-11　夹层彩色玻璃粉料兼容性测试

图 4-2-12
设计图样，分别给各个单元标上序号。

图 4-2-13
按设计稿每个单元的形状、比例裁切玻璃片。

图 4-2-14
使用小型磨机进行玻璃形状的修整。

图 4-2-15
将切割好的玻璃片、玻璃棒按序号摆放备用。

图 4-2-16
按照设计图将每个单元玻璃片拼贴在一块玻璃底板上。

图 4-2-17
玻璃片底部铺好陶瓷纤维纸，防止粘连电窑炉。

义所使用的玻璃材料为平板玻璃，玻璃的颜色和厚度根据所需要的形状和要求。如果是浮法玻璃则需要玻璃的锡面向下。步骤如下：（图 4-2-12、图 4-2-13、图 4-2-14、图 4-2-15、图 4-2-16、图 4-2-17）

① 设计图样。

② 平板玻璃切割、磨边、清洗。

③ 根据图样在玻璃底板上摆放玻璃片，用胶水固定。

④ 在电窑炉的平板上铺好陶瓷纤维纸。

⑤ 加热熔合成型后退温冷却后取出。

⑥ 打磨作品边缘，完成。

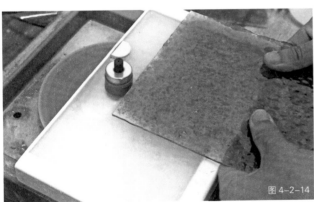

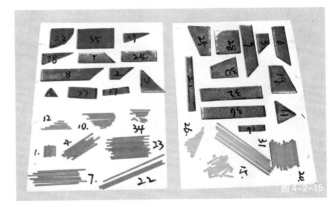

第三节　玻璃热弯

热弯玻璃是利用平面玻璃缓慢加热过程时，从它开始软化到具有流动性的液态的形态变化区间，因为重力下垂形成自由弯曲或贴合至模具上成型。随着现代建筑中对于玻璃造型的需求，平板玻璃的弯曲技术得到了广泛应用。（图 4-3-1）

一、玻璃热弯工艺

玻璃热弯工艺主要分为自由弯曲和模具弯曲两种。具体的过程是玻璃原料切割—清洗—造型设计—加热—退火。

1. 自由弯曲

使用耐高温材料制作固件，把玻璃片、管、棒等搭在固件边缘，需要弯曲的位置悬空摆放，加热到玻璃软化温度以上，利用玻璃自身重力产生塌落、弯曲，通过电窑炉观火孔观察或经验判断达到预期效果时，迅速冷却，再缓慢退火冷却成型。（图 4-3-2、图 4-3-3）

图 4-3-1

图 4-3-1　现代建筑中的玻璃热弯工艺
韩国首尔明洞地铁站附近　1992 年

图 4-3-2

图 4-3-3

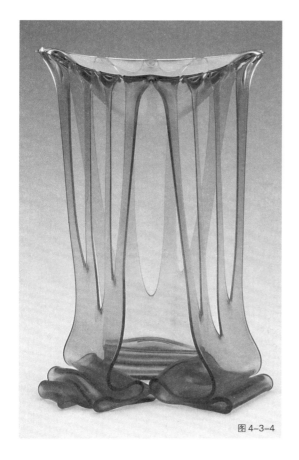

图 4-3-4

图 4-3-2　玻璃棒的自由弯曲试验

图 4-3-3　玻璃棒的自由弯曲试验

图 4-3-4　器物　玻璃热弯技法
作者：西德尼·卡什（Sydney Cash）　美国
创作时间：1981 年

西德尼·卡什（Sydney Cash）是美国雕塑家，他的创作经历非常丰富。20 世纪 60 年代他受到了表现主义团体创始成员画家和雕塑家本·锡安以及乌拉圭雕塑家冈萨洛·丰塞卡的影响，开始使用平板玻璃、镜子、绘画、图案进行动态雕塑创作。这件作品是其器物（Vase）系列中的其中一件，使用的是平板玻璃在电窑炉中加热自由弯曲的方式完成：首先使用金属丝圈出顶部造型，并预先在玻璃平板上留出孔洞以穿过悬吊的金属丝，在电窑炉中把玻璃放置在金属圈上并用金属丝悬吊起来，通过加热使玻璃软化塌落至预想的造型后迅速降温退火。（图 4-3-4）

玛丽·莎菲尔（Mary Shaffe）是一位美国艺术家，自 20 世纪 70 年代以来主要从事玻璃方面的工作，是美国工作室玻璃运动的早期艺术家，她的作品通常采用玻璃加热后自由弯曲的形式。作为实验性玻璃艺术创作的先行者，她尝试测试玻璃在各种材料下的装置，以及如何利用玻璃并与其他材料进行烧成结合。她最著名的系列作品《工具墙》，使用金属现成品如钉子、砖头、滑轮和铁丝等作为支撑物，与平板玻璃一起置入电窑炉中热弯成型。（图 4-3-5）

美国玻璃艺术家托奇·津斯基（Toots Zynsky）所独创的玻璃丝热塑技法（filets-de verre'）似乎是一种更可控的热弯形式。这件作品首先是通过把玻璃丝平面热熔粘连在一起，再迅速从电窑炉中取出后放置在一个正在电窑炉中预加热的耐高温材料的圆柱上，随着电窑炉升温使玻璃软化具有一定可塑性时，从电

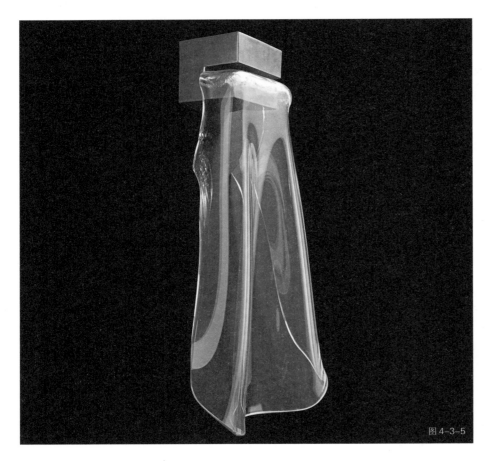

图 4-3-5　墙面上的几何体（Wall Cube）
玻璃热弯技法
作者：玛丽·莎菲尔（Mary Shaffer）
美国
创作时间：1994 年

图 4-3-6　躯干（Terso）玻璃热弯技法
作者：托奇·津斯基（Toots Zynsky）
美国
创作时间：2015 年

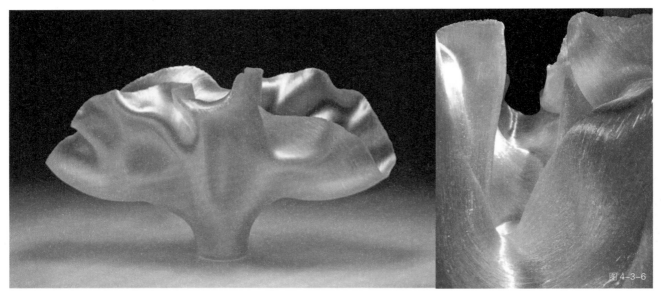

窑炉中取出徒手进行塑形，再放回到电窑炉中退火降温。整个过程都是在玻璃
高温软化的状态下完成，作者就像陶艺家操控泥片一样，把玻璃片以一种几乎
可控的形式进行折叠、卷曲，玻璃作为一种透明而易碎的传统介质观念得以转
换。（图 4-3-6）

2. 模具弯曲

模具弯曲是将玻璃片、棒等造型搁置在高温耐火材料制作的阳模或阴模上，通过加热软化，使玻璃弯曲贴合于模具上成型。耐火石膏、素烧的陶器、金属（金属熔点必须高于950℃）、陶瓷纤维纸都可以是制作高温模具的材料。相较于自由弯曲的技法，模具弯曲更易于掌控。模具热弯在我们日常生活中应用广泛，如玻璃台盆、玻璃家具等家居用品、建筑玻璃，都是通过模具热弯后再强化后的制品。

英国设计师保罗·科克塞奇（Paul Cocksedge）伦敦设计节（London Design Festival）上推出的系列家具，包括九张桌子，将平板玻璃与石块、混凝土、木材和钢管相结合，平板玻璃表面经过了模制热弯，有机地贴附在固体基座的表面上，如同湍急的水流从突出的岩石上淌过。（图4-3-7）

3. 玻璃热弯的过程

① 裁切玻璃。

② 准备模具。用的是陶素坯，注意上面要打洞通气。

③ 把玻璃摆放在模具上，底部铺设陶瓷纤维纸防止玻璃与窑具粘连。

玻璃热弯注意事项：首先要准确地设计好尺寸。玻璃料放置在模具上，过大或过小都会使形体与预先设计的不符。其次，大块玻璃放在顶点过于细小的模具上时，玻璃加热软化时产生的重力会顶破玻璃表面。

④ 设置烧成程序。以20厘米左右的钠钙硅酸盐平板玻璃为例，设置烧制程序如下：

室温~260℃，在260℃保温一小时；

120℃/小时升温到540℃；

100℃/小时升温到760℃，保温10~30分钟；

图4-3-7　"穿过水流"系列家具
作者：保罗·科克塞奇（Paul Cocksedge）
英国
创作时间：2022年

图4-3-7

快速降温到560℃，在560℃保温一小时；

20℃/小时降温到480℃；

30℃/小时降温到330℃；

程序结束，自然降温到室温时取出。

二、玻璃热熔、热弯的课堂练习

制作者：庄亚坤

不同目数、颜色的玻璃热熔、热弯的实验。（图4-3-8、图4-3-9、图4-3-10、图4-3-11）

① 同学尝试使用玻璃颗粒进行热熔，在试验阶段制作不同粗细的玻璃颗粒。

② 使用陶泥弯曲，制作有树干肌理的热弯模具，干燥后备烧。

③ 在模具上刷上高温隔离剂，把玻璃色粉填入模具的肌理缝隙中，再铺上玻璃颗粒试烧。

④ 试验玻璃颗粒在不同的温度下的热熔状态和肌理形态。

作品制作过程：（图4-3-12、图4-3-13、图4-3-14、图4-3-15、图4-3-16、图4-3-17）

① 在陶瓷纤维纸上铺上玻璃色粉，低温烧结成条状，取出后清洗干净。

② 在烧结的玻璃色粉上铺上玻璃颗粒，放进电窑炉内升温至730℃二次热熔成玻璃片。

③ 使用陶土制作热弯模具，注意在电窑炉内要放置平稳。

④ 把二次热熔后的玻璃片放置于陶土模具上，随着电窑炉内温度的上升，玻璃片逐渐软化，控制温度在715℃，保温8分钟，使玻璃片贴附于模具上，关闭电源自然降温到室温后取出。

⑤ 作品烧制

⑥ 作品局部

图4-3-8　玻璃粉料的制作

图4-3-9　热弯模具制作

图4-3-10　填色、玻璃颗粒

图4-3-11　温度测试

图4-3-12　玻璃色粉制作纹理

图4-3-13　玻璃色粉和玻璃颗粒的二次热熔

图4-3-14　模具制作

图4-3-15　玻璃片热弯

图4-3-16　作品烧制完成

图4-3-17　作品局部

图4-3-8

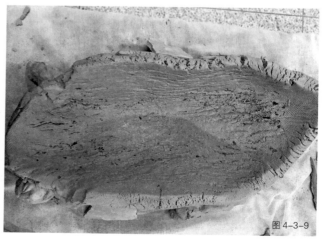

图4-3-9

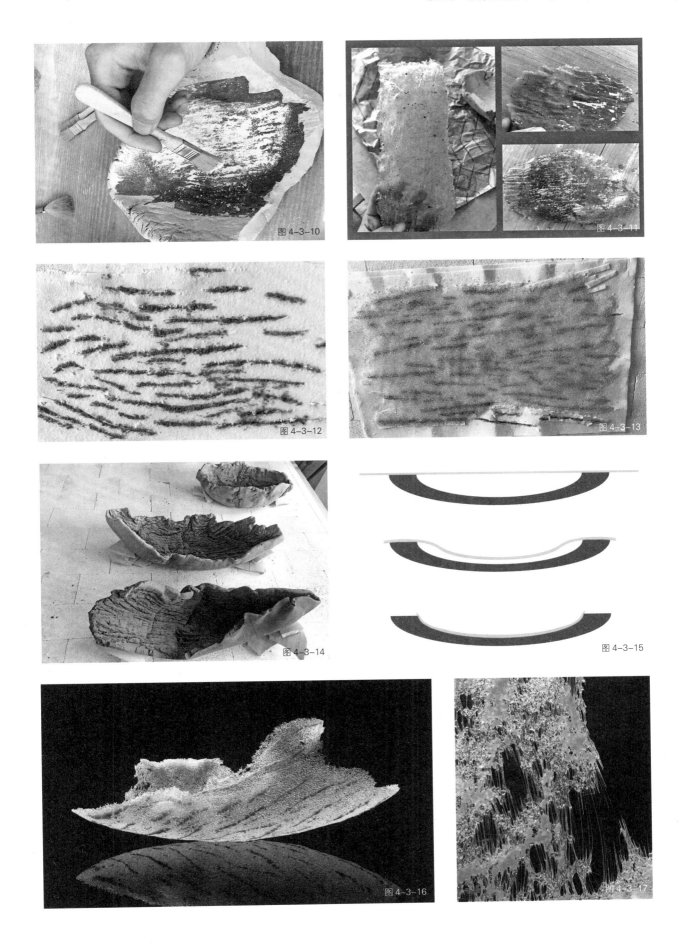

图 4-3-10

图 4-3-11

图 4-3-12

图 4-3-13

图 4-3-14

图 4-3-15

图 4-3-16

图 4-3-17

第四节 玻璃铸造

玻璃铸造是窑制玻璃工艺中经常使用的方式。顾名思义，模具铸造是利用高温耐火材料制作出立体、平面造型的外模，通过加热玻璃料至软化流淌状态后使之填满模具内部空间，从而获得玻璃材料的造型。

玻璃模具铸造基本流程我们可以简单地归纳为四步：设计制作模种—制作高温耐火材料外模—去掉内模种—填料烧成。制作中的流程顺序与流程的增减会基于作品的复杂程度和效果需求有所变化。例如如果铸件造型饱满圆润、没有过多的倒角造型和过薄的地方，且平面底部面积大，足以把制作铸件模种的材料从高温耐火外模中取出和清理内空，我们通常使用开放式模具铸造；反之，如果铸件造型复杂，细节精微，折角明显，就要使用半开放式模具铸造。

一、开放式模具铸造

开放式模具铸造是模种造型翻制完成高温耐火材料的外模后，由于顶部填料口面积比较大，可以通过挖掘、蒸汽、冲洗等方式取出内含的模种并清理内腔，从而填充玻璃料烧成的一种窑制玻璃制作方式。开放式模具铸造制作过程相对简单，适合烧成大块面和体量的玻璃造型，敞开式填料口易于去设置颜色块料、颗粒料、粉料的摆放，因此使作品中玻璃颜色定位更具有可控性。

开放式模具铸造制作过程：

1. 制作模种

可以设计制作成作品造型的材料非常多，如雕塑泥、织物、纸张、现成品都可以用于模种制作。这里需要注意的是，由于开放式模具一般采用的是单片模具，因此模种一定是要保证在不破坏外模内腔的前提下，可以从外模中取出。如用雕塑泥制作的模种不能出现大的折角，否则清理工具无法够及，造成残余的泥在模具内部，从而使玻璃熔液粘连雕塑泥后产生开裂。（图4-4-1、图4-4-2、图4-4-3、图4-4-4）

2. 制作耐高温模具

窑制玻璃可以制作耐高温外模的材料有很多种，例如耐高温石膏、研磨铝硅纤维陶瓷、中温陶等，最常用的是使用已制备好的耐高温石膏。在上一章中关于窑制玻璃制作的材料中，我们介绍了耐高温石膏的主要成分。市面上出售的玻璃铸造石膏优化了成分中粘合物、耐高温物、改性物之间的配比，能满足大部分铸造工艺的需求。

开放式模具的制作比较简单，步骤如下：

把模种固定在平板上，如果模种是用较轻的材料构成，一定要使用双面胶或融蜡把它固定住，否则在浇注石膏过程中，模种会出现移位甚至漂浮起来。

图 4-4-1
泥模种制作，使用泥土材料在陶艺拉坯
机上制作器型。

图 4-4-2
泥模种制作，使用泥土材料在陶艺拉坯
机上制作器型。

图 4-4-3
泥模种制作使用工具削整器型。

图 4-4-4
使用工具削整器型。

　　用围板或泥土等具有一定强度的材质围绕模种做好挡水墙，可以用胶带或模具绑带加固。（图 4-4-5）

　　窑炉铸造技法对耐高温模具的质量要求很高，在保证高温强度的基础上，模具内腔的表面平整和细腻程度很大程度决定了玻璃制品的表面平滑度。按石膏厂家提供的使用配比调制石膏，这里石膏与水的质量比例是 3∶1。（图 4-4-6、图 4-4-7）石膏与水的比例可以根据模种的尺寸、造型来做一定的调整。一般小件作品可以减少石膏比例，但是石膏比例越小外模的表面越粗糙，在高温下脆性越大；反之则石膏凝固时间会缩短，高温下韧性越大。（图 4-4-8）

　　温度会影响石膏的凝固时间，室温约 10℃时，耐高温石膏配比为 3∶1 的搅拌液至少需要 30 分钟才能初凝；室温约 25℃时，同样配比的石膏在 8~10 分钟后可以初凝。因此冬季的时候可以使用 30℃左右的温水搅拌石膏以缩短凝固时间。搅拌均匀后，在石膏未凝固阶段使用真空抽泡设备抽去石膏中的气泡。直接浇注石膏液覆盖模种，浇注后石膏液超过模种最高处 ≥ 1.5 厘米即可。（图 4-4-9）

　　这里我们需要注意：尽量沿着挡水墙缓慢地倒入石膏，既避免了冲倒挡水墙，也避免了石膏中气泡产生。

图 4-4-5
使用塑料盒代替挡水墙，挡水墙与模种距离约 1.5 厘米。高温模具的厚度与铸件的大小、造型有关，一般 20~30 厘米的铸件高温石膏模具厚度 2~3 厘米比较适合。

图 4-4-6
准备用于搅拌石膏的塑料桶，使用量杯预先量好 600 毫升水。

图 4-4-7
按照石膏与水的质量比例 3∶1，称出 1.8 千克耐高温石膏。

图 4-4-8
将石膏粉均匀地洒入水中，静置 3~5 分钟，使石膏粉充分浸透再搅拌均匀。如果分量比较大，可以使用搅拌器搅拌，再通过真空泵排空石膏液中的气泡。

图 4-4-9
将石膏液缓缓倒入，倒入后轻轻抖动使气泡排出。

　　最后是清理耐高温石膏模具内腔。开放式模具可以从宽敞的开口处取出内模种，泥土的模种可以用工具小心地掏挖出来，注意不要划伤内壁。模种取出后用水冲洗干净。清理干净后用量杯量出内腔的容积并记录下来，模具晾干后备烧。（图 4-4-10、图 4-4-11、图 4-4-12、图 4-4-13）

图 4-4-10
使用工具小心地掏出泥土模种。

图 4-4-11
用软刷清理干净耐高温石膏模具内腔，
注意不要留下残余的泥。

图 4-4-12
清水倒入模具内腔，再倒回到量杯中，
记录模具内腔的容积。

图 4-4-13
记录模具内腔的容积，用于称量玻璃
重量。

3. 玻璃填料

根据耐高温模具的内腔容积准备玻璃料。

利用水和玻璃比重数据计算出所需要的质量。玻璃与水的重量比例根据玻璃料的种类有差异，铅硅酸盐玻璃（铅晶质玻璃）＞钾钙硅酸盐玻璃（无铅晶质玻璃）＞钠钙硅酸盐玻璃＞硼硅酸盐玻璃。国际上常用的铸造艺术玻璃原料品牌如 Bullseye Glass Co 的玻璃属于钠钙硅酸盐玻璃，比重是 2.5∶1，而 Gaffer Coloured Glass Limited 的属于高铅硅酸盐玻璃（含 PbO ⩾ 30%），比重为 3.6∶1。国内常用的铸造艺术玻璃原料主要是 PbO ⩾ 24% 的铅硅酸盐玻璃和钾钙硅酸盐玻璃，铅硅酸盐玻璃比重分别是 3∶1（3 份重量的玻璃料∶1 份重量的水），钾钙硅酸盐玻璃则为 2.7∶1。（图 4-4-14）

图4-4-14

图4-4-15

图4-4-16

玻璃料称取好之后，检查料块中是否含有可见的杂质并予以清除，清洁它们表面的灰尘和污垢，晾干后按模具内腔的造型小心地摆放进去，注意填料不要超出注料口的边缘，如内腔无法容纳则需要使用花盆、耐火石膏套筒等方式扩充模具的容量。（图4-4-15、图4-4-16）

填料对玻璃制品有影响，使用大块的整料会大大地减少气泡产生；其次摆放过程中尽量减少料块的间隙；如果采取滴落注入的方式会大大增加气泡的形成。

4. 烧制前的准备

在烧制之前，确保耐高温模具干燥，在模具下方铺好陶瓷纤维纸防止玻璃熔液流淌到窑具上。

5. 设置烧成程序

室温~260℃，以100℃/小时升温到260℃，保温1小时，以保证石膏模具内部水分完全排出；

以120℃/小时升温到530℃，保温1小时，这是玻璃的预加热阶段；

以100℃/小时升温到850℃~860℃，保温1~2小时；

快速降温（ASAP）到480℃，在480℃保温1小时；

以5℃~8℃/小时降温到420℃；

以10℃/小时降温到370℃；

以30℃/小时降温到80℃，程序结束，自然降温到室温取出。（图4-4-17、图4-4-18）

图4-4-14
铅硅酸盐玻璃比重分别是3:1（3份重量的玻璃料:1份重量的水）。450毫升的水，称取玻璃约1.4千克。

图4-4-15
拉坯的土盆，底部留直径3厘米左右孔，架设在石膏模具上方，用于装填玻璃料。

图4-4-16
拉坯的土盆，底部留直径3厘米左右孔，架设在石膏模具上方，用于装填玻璃料。

图4-4-17
铸件从电炉中取出后，小心地把外层铸造石膏剥除。

图4-4-18
铸件打磨抛光。

图4-4-17

图4-4-18

6. 开放式模具铸造的实践一

玻璃果盘制作。（图 4-4-19 至图 4-4-30）

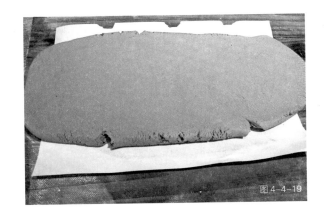

图 4-4-19

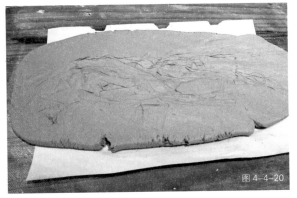

图 4-4-20

图 4-4-21

图 4-4-22

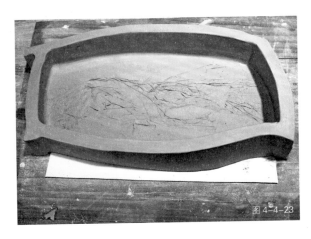

图 4-4-23

图 4-4-24

图 4-4-19
压制底板，底板大约 1 厘米厚。

图 4-4-20
使用布料在底板上压印纹理。

图 4-4-21
裁切果盘的造型。

图 4-4-22
使用泥条制作果盘的边沿，注意与底板衔接处用泥条封接好。

图 4-4-23
模种制作完成，注意保持泥土湿润，防止开裂。

图 4-4-24
用泥做挡水墙，挡水墙与模种间距约 2 厘米。

图 4-4-25

图 4-4-26

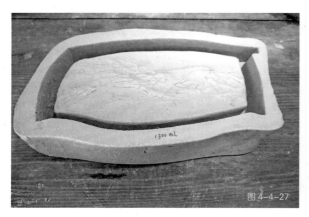

图 4-4-27

图 4-4-28

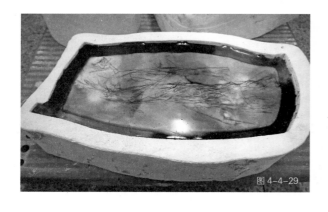

图 4-4-29

图 4-4-30

图 4-4-25
沿着边沿缓慢地倒入耐高温石膏搅拌液。

图 4-4-26
搅拌均匀的耐高温石膏液缓慢地倒入，石膏液淹没模种最高点 1.5 厘米左右。

图 4-4-27
将泥土模种从石膏模具中取出，清洗干净。

图 4-4-28
称量好玻璃原料，清洗干净并晾干，按照颜色摆放在模具中。

图 4-4-29
设置烧成曲线，烧成后在电窑炉中降至室温取出。

图 4-4-30
铸件打磨抛光。

7. 开放式模具铸造的实践二

"徽州印象"制作。（图 4-4-31 至图 4-4-40）

图 4-4-31

图 4-4-32

图 4-4-33

图 4-4-34

图 4-4-35

图 4-4-36

图 4-4-31
使用泥板搭建模种造型。

图 4-4-32
压制好 1 厘米左右厚的泥板，准备木雕板。

图 4-4-33
木雕板拓印在湿泥板上。

图 4-4-34
裁切合适的压印纹样，拼合泥板成型，完成模种。

图 4-4-35
用泥做挡水墙，挡水墙与模种间距约 2 厘米。

图 4-4-36
搅拌均匀的耐高温石膏液缓慢地倒入，石膏液淹没模种最高点 1.5 厘米左右。

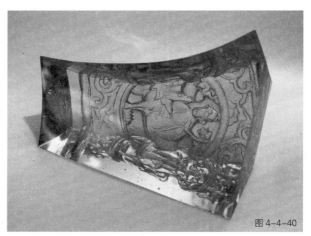

图 4-4-37
将泥土模种从石膏模具中取出，清洗干净。

图 4-4-38
称量好玻璃原料，清洗干净并晾干，按照颜色摆放在模具中。

图 4-4-39
设置烧成曲线，烧成后在电窑炉中降至室温取出。

图 4-4-40
作品打磨抛光完成。

二、半开放式模具铸造

开放式模具铸造是模种造型相对精致复杂，需要使用脱蜡或分片翻制等方式从高温耐火材料模具中取出模种，再注入玻璃熔液铸造成型的窑制玻璃制作方式。这里以经常使用的玻璃脱蜡铸造工艺为例。

脱蜡铸造法也称为失蜡铸造法，是人类最早制作精细制品的技法之一。早期古埃及人用于制备金属材料制品，古罗马人使用多片模具制作玻璃碟，并开始以金属脱蜡技法为玻璃铸造所用。我国西汉时期出现了脱蜡铸造法的玻璃制品，清代时有了很大发展，乾隆六年（公元 1741 年）宫廷造办处工匠用脱蜡铸造法制成天鸡式水盂，达到较高的艺术水平。近现代随着玻璃工作室运动的推动，玻璃脱蜡铸造工艺成为玻璃艺术创作的主要方式。

半开放式模具铸造过程：

1. 制作作品造型（模种）

脱蜡铸造工艺对作品造型的局限性大大低于其他任何玻璃工艺，灵活地运用各个步骤，理论上是可以完成任何立体造型。因此，模种的设计制作没有太多限制，尤其适合表现复杂、精致的雕塑性作品。我们一般使用可塑性强的泥（木节土、油泥）塑形，或者直接使用现成品翻制。（图 4-4-41）

2. 翻制硅胶或石膏模具

翻制硅胶或石膏模具是用于蜡模种的制作。石膏模具制作流程繁琐，热蜡注入温度不易把控，因此一般使用硅胶翻制。不管是哪种方式，首先一定要先合理设计注蜡口。

硅胶可以一体浇注后再用刀片切开取模；也可以分片翻制。分片翻制首先按造型分好翻制区域，制作复杂、精细的部分（如手脚、头等）可切下单独翻制。用黏土填平模种分片处，制作挡水坝和卡槽。（图 4-4-42、图 4-4-43）在模种上薄薄地刷上一层凡士林，起隔离作用。（图 4-4-44）

图 4-4-41
使用雕塑泥制作雕塑模种

图 4-4-42
用泥片给模种分片，硅胶模具有一定的弹性，与传统的石膏模具相比，细节凹处不会存在卡模的情况。

图 4-4-43
用泥片给模种分片。

图 4-4-44
在模种上刷隔离剂。一般可以用医用凡士林，用排刷轻轻地刷上一层，不要破坏模种的表面。

图 4-4-41

图 4-4-42

图 4-4-43

图 4-4-44

　　将适量硅胶、一定比例的硅油和硬化剂调配。如果模种较大需要涂刷表面，可适当减少硬化剂比例，从而有充分的时间刷涂模种表面。硅胶的配比调整一定要先做实验测试其硬化时间。（图4-4-45）

　　使用毛刷均匀地将调好的硅胶刷涂或浇注于模种表面。（图4-4-46）刷涂方式需要多次刷涂完成，每刷涂一层之后可以使用单层纱布片附在硅胶涂层之上，等硅胶初步凝固后再刷一层。（图4-4-47）一般中等尺寸（30厘米左右）的作品刷至5毫米厚度即可。（图4-4-48）

　　当单片硅胶模具硬化具有一定强度之后，重复上述步骤。

　　硅胶模具完成后，中、大件作品的硅胶模具需要再用石膏或树脂材料固定外形。最后从外模中取出模种，清理模具内腔。（图4-4-49）

　　3. 注蜡和修蜡

　　用熔蜡炉或者加热炉把铸造蜡加热熔化，化蜡温度为105℃～110℃。化蜡之后，不能把熔蜡立即注入模具，先用热风枪加热硅胶或石膏模具，再将熔蜡降温至60℃～70℃注入。蜡液注入后在真空设备中抽掉气泡。（图4-4-50）

图4-4-45
按一定比例称取硅胶、硅油和硬化剂，快速地搅拌均匀，如果大量的硅胶调制需要使用真空抽泡设备进行抽泡。

图4-4-46
使用毛刷均匀地将调好的硅胶刷涂或浇注于模种表面。第一层硅油的比例可以稍高，增强硅胶的流动性。刷完后贴上一层医用纱布，增强硅胶模具的拉扯性。

图4-4-47
等硅胶初凝，再次调制硅胶，重复上述步骤。

图4-4-48
完成多片模具的制作，要注意硅胶模具分片之间一定要涂抹隔离剂（凡士林）。

图4-4-45

图4-4-46

图4-4-47

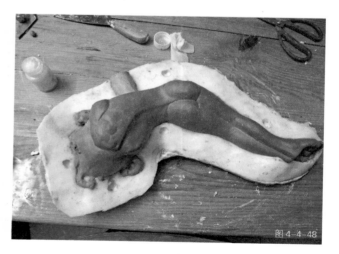

图4-4-48

图 4-4-49

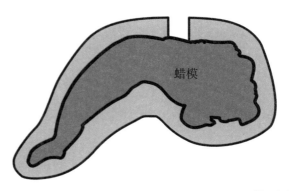

图 4-4-50

图 4-4-51

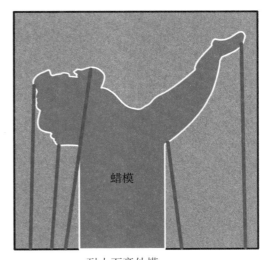

耐火石膏外模　　　　图 4-4-52

图 4-4-49
硅胶模具完成后，使用石膏固定硅胶模具外形。

图 4-4-50
把铸造蜡溶液注入硅胶模具，注意蜡液的温度，过冷和过热都容易产生表面的不光滑。

图 4-4-51
蜡液凝固冷却后，从硅胶模具里取出，使用金属工具修整蜡模。

图 4-4-52
制作含蜡模的耐火石膏外模，在造型细节部位和有内折弯的部位制作通气孔。

蜡件取出后，如蜡件表面有瑕疵，波纹、流线和坑洞，需要用修补蜡进行填充，再用工具或加热的方式进行表面抛光。（图 4-4-51）

4. 制作含蜡耐高温石膏模具

耐高温石膏模的制作过程中浇注口的大小、石膏的配方与厚度都影响玻璃铸件的质量。基本的流程与半开放式模具一样。这里需要注意的是如果铸件有大量突出于主体之外的细节，以及部分区域高于浇铸口底线的情况，要留通气孔，以保证玻璃熔液的注满。通气孔的制作一般采用棉线（直径≥1毫米）、蜡条、竹签、吸管等，使用软蜡一头固定于模种，一头固定于桌面，连同模种一起耐高温石膏翻制。（图 4-4-52）

注意脱蜡铸件中气孔和浇口的设置。

玻璃料高温熔化之后具有一定的流动性，流动的玻璃在重力作用下，通过浇注口缓慢地流入到模具的内腔。浇注口在模具的顶部，当玻璃熔液向下进入内腔接触到石膏模具内壁时，会减缓流动，导致浇注口变小，一部分空气被挤压到空隙中。如果不让这些空气排出，它就形成中空，使玻璃液无法填充细节。尤其是角度起伏很大的造型，如果不设置通气孔，将会造成铸件的残缺。可以采用蜡条、棉线等可燃物在特定的位置设置通风口。

5. 耐高温石膏模具脱蜡

高温石膏模具制作完成后，用蒸汽熔化所包裹的蜡模种，获得中空阴模。

将模具浇注口朝下倒置，平放置在脱蜡炉箱体内。加热脱蜡炉内温度至90℃~95℃，水沸腾10分钟之后，蜡开始从脱蜡炉的出蜡口流出，当出蜡口不再流出蜡水混合物时，脱蜡完成。取出耐高温石膏模具检查蜡是否清理干净，并用量杯往内腔注水测出容积并记录下来，模具晾干后备烧。（图4-4-53）

6. 玻璃填料

根据耐高温模具的内腔容积准备玻璃料。选料、称料与开放式模具制作方法一样。这里需要注意的是，半开放式模具一般浇注口较小，玻璃料无法全部由内腔容纳，因此一般会在制作耐高温石膏模具时，在浇注口的位置设计一个空间来放置玻璃原料，或者采取玻璃熔液滴落的方式完成铸造。（图4-4-54、图4-4-55）

7. 烧制前的准备

在烧制之前，确保耐高温模具干燥，在模具下方铺好陶瓷纤维纸防止玻璃熔液流淌到窑具上。

8. 设置烧成程序

半开放式模具较之开放式模具的铸造烧成，在升温和高温阶段会增加更长的保温时间，使玻璃熔液能够深入到模具内腔中的细节部分。

这里以一个中等尺寸（长、宽20厘米左右，厚度约5厘米），造型厚薄相对均匀，使用国内铅玻璃铸造料饼的开放式模具的玻璃制品烧成曲线为例：

图4-4-53
把含蜡耐高温石膏外模，放置于脱蜡炉箱内，利用高温水蒸气把蜡模从耐高温石膏外模中脱除。

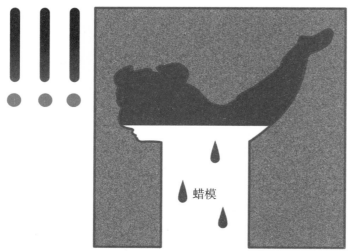

蜡模

脱蜡炉

图4-4-53

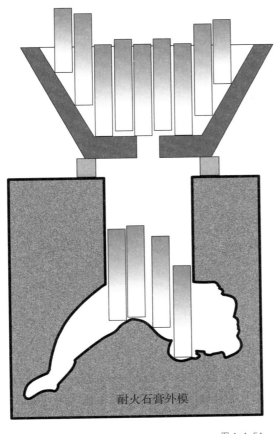

图 4-4-54

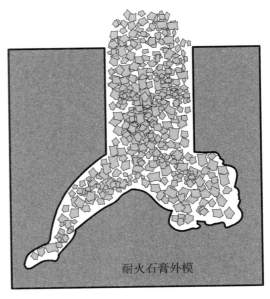

图 4-4-55

图 4-4-54
使用玻璃块料铸造。一部分块料直接装到模具内腔；一部分块料使用花盆等容器搁置于模具顶部，在高温阶段块料熔融，黏稠的液态玻璃从浇铸口注入。

图 4-4-55
使用玻璃颗粒状碎料直接填充在耐高温石膏外膜内腔。

室温 ~260℃，以 100℃ / 小时升温到 260℃，保温 1 小时，以保证石膏模具内部水分完全排出；

以 120℃ / 小时升温到 530℃，保温 1 小时，这是玻璃的预加热阶段；

以 100℃ / 小时升温到 850℃ ~860℃，保温 2~3 小时；

快速降温（ASAP）到 480℃，在 480℃保温 1 小时；

以 3℃ ~5℃ / 小时降温到 420℃；

以 8℃ / 小时降温到 370℃；

以 15℃ / 小时降温到 80℃，程序结束，自然降温到室温取出。

9. 后期的冷加工处理

烧成程序完成后，先不要打开电窑炉的门（尤其是冬季），等炉膛内自然冷却到室温，即可将模具从电窑炉内取出。搁置于室内一段时间后（中型铸件大约 4 小时左右），再小心地除去外部耐高温石膏模，注意不要损坏到玻璃铸件。

清除耐高温石膏后放置 12 小时以上，用清水将玻璃艺术品外面残留的耐火石膏冲洗干净。如果模具与石膏粘连，使用食用醋加水稀释后浸泡 24 小时以上，再用软刷轻轻地清理。

玻璃铸件可以根据作品需要进行冷加工处理，一般过程为切割—修整—研磨—抛光。

切割：玻璃铸件取出来后，如果有大面积的多余部分需要切除，就应使用切割设备进行切除。这些部分多是由于浇注口部与主体部分的连接处、顶部预留的多余玻璃、排气孔、模具开裂造成的飞边等原因造成的。切除大体量的玻璃块使用注水台式金刚轮，金刚轮无法工作的区域则使用手执切割设备小心地进行切割。注意在切割的时候一定要在切割区域进行注水降温，防止玻璃过热产生开裂。

修整：玻璃铸件上一些细节部分的烧成瑕疵，可以使用打磨台轮及手执打磨笔进行精修。

研磨：玻璃铸件的研磨处理对于后期的抛光非常重要。研磨需要按磨料的粗细程度，从低目数（100目、150目）逐渐往高目数进行。

平面的造型使用平板研磨机进行打磨，曲面的造型一般使用立式研磨机或气动手执研磨机、手执金刚石打磨块等磨具进行打磨。

抛光：玻璃制品的抛光可以分为热抛光、冷抛光、酸洗抛光几种方式。铸造玻璃一般使用冷抛光和酸洗抛光的方式。

工作室可以使用平板研磨机、立式研磨机、气动手执研磨机等设备，辅以抛光磨料进行冷抛光。抛光磨料为氧化铈抛光粉、浮石粉、玻璃抛光膏、抛光片等。操作的方式与研磨基本一致，与之不同的是：

1. 机器的研磨速率要设置得比较低，大概为380rmp；

2. 使用抛光粉的时候，不需要持续地注水加工。（图4-4-56）

图4-4-56

图4-4-56　作品完成

10. 半开放式模具铸造课堂练习

制作者：李佳迪

（图 4-4-57 至图 4-4-63）

图 4-4-57
用手作为模种，使用牙科快速凝固硅胶制作硅胶模具。将熔化的蜡液倒入模具内部。

图 4-4-58
将修整好的蜡模用蜡液固定在木板上，使用竹签在蜡模的各个高点和内折弯处添加排气孔。

图 4-4-59
将木板固定，在蜡模周围制作挡水墙。

图 4-4-60
按照标准比例（通常水与耐高温石膏粉的比例为 1∶3），将耐高温石膏搅拌均匀，静置 5 分钟左右，再缓缓地倒入到挡水墙内，注意不要倒入过快从而产生气泡。

图 4-4-61
将含蜡耐高温石膏模具放置到熔蜡炉箱体内，用高温蒸汽清空内腔。清空后用量杯量水计算内腔的容量。

图 4-4-62
按内腔容量与玻璃的 1∶3 比例（即 1 升水的容量需要 3 公斤玻璃原料），将一部分玻璃块料放置于耐高温石膏内腔，一部分玻璃块料放在泥坯盆内。设置玻璃铸造烧成程序，进入电窑炉烧制。

图 4-4-63

图 4-4-63
烧成后作品从耐高温石膏模具中取出，打磨抛光后完成。

窑制玻璃技法课程作业欣赏

作品名称：《纳》图1- 图2
作者：黄艳媚　景德镇陶瓷大学 2020 级陶瓷和玻璃专业
作品尺寸：长 27cm、宽 8.5cm、高 8.5cm
作品介绍：胶囊，本就是为了避开苦涩又让其作用于病痛，完成使命之后就自我溶解。在面对外部焦躁的攻击时，我们可以选择暂时用胶囊隔绝这种感受带来的苦楚。胶囊内是平静的世界，但是需要明白，最终的溶解才是我们的目的，当我们学会接纳自然地让这层胶囊溶解，那么曾经让你焦躁不安的东西也会归于平静。

我总想在创作中感受到平静，这个作品里面包含很多象征性的东西，无论是下雪天静静落下的雪花，或是愈往深处愈无波澜的大海，都能让人由内而外地获得平静。同时在这个越来越躁动的社会中，接纳往往是抚平一切躁动的根本方法。海纳百川，也纳万物，希望观者也能通过表面的平静去感受到接纳、容纳，能带来的真正心灵上的平静。

图1

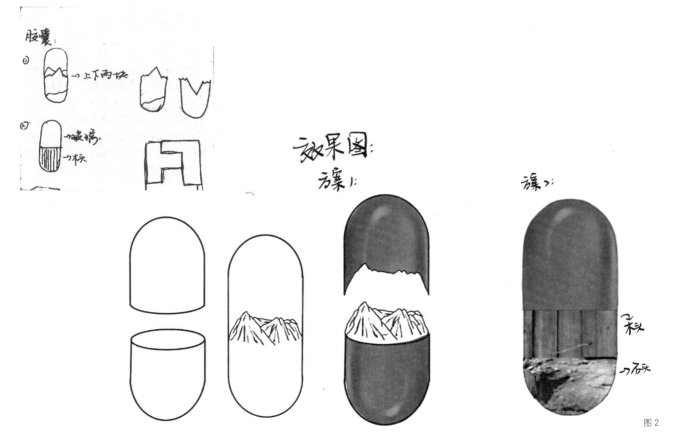

图2

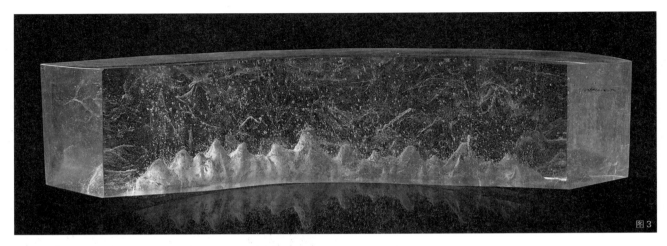

图3

效果草图:

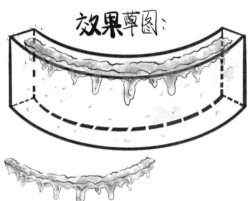

尺寸图

>40cm<

10cm

15cm

60cm

19陶瓷与玻璃1班
11号2016.02.02 黄钰婷

设计说明

灵感来源与参考图:

人与自然有着千丝万缕的联系，两者相互影响，随着全球气候变暖，南极的冰川逐渐融化，环境遭到破坏，很多动物因为失去栖息地濒临灭绝，冰川的融化同时也对自然有着很大的危害，本次的作品与冰川融化有关，呼吁人类要保护环境保护大自然。

制作方法：玻璃铸造
颜色：透明、浅天兰、深天兰

图4

作品名称：《消逝》图3- 图4
作者：黄钰婷　景德镇陶瓷大学 2019 级陶瓷和玻璃专业
作品尺寸：长 60cm、宽 10cm、高 15cm
作品介绍：人与自然有着千丝万缕的联系，两者相互影响，随着全球气温变暖，南极的冰川逐渐融化，环境遭到破坏，很多动物因为失去栖息地濒临灭绝，冰川的融化同时也对自然有很大的危害。本次的作品与冰川融化有关，呼吁人类要保护环境、保护大自然。

作品名称：《亻衣》图 5- 图 6
作者：卢琳　区燕琳　景德镇陶瓷大学 2019 级陶瓷和玻璃专业
作品尺寸：长 86cm、宽 10cm、高 71cm
作品介绍：每个人都有旧衣服，它见证了过往，凝聚了情感。
被誉为"时尚皇后"的连衣裙因 1977 年美国设计师 DianeVon
的设计得到了前所未有的关注，成为一种女性的标志、一种文
明的体现、一个国际时尚界无法复制的经典。直至今日，连衣
裙的时尚可能会随着每年新事物新流行的兴起而过时，但是它
的文化象征性依旧经得起时间的推移。经过岁月沉淀而留下来
的"旧连衣裙"，"旧"的背后是历史的考验；"连衣裙"的
本身是"不过时"的经典，加上黄色雏菊的点缀，使它成为希望、
和平、幸福快乐的最好证明。

图 5

图 6

作品名称：《字符的灵动》 图7–图9
作者：庄亚坤 景德镇陶瓷大学 2019
级陶瓷和玻璃专业
作品尺寸：单片宽 15 cm、长 20 cm 组
合尺寸可变
作品介绍：中国的书法是特有的一种文
字美的艺术表现形式，是一种传统艺术，
也是一种文字符号，玻璃被认知的都是
具有透光性的一种材料。我想通过这次
作品来呈现玻璃不通透也会有艺术美感。
作品创作通过运用玻璃粉烧和陶瓷贴花
的技法完成，将陶瓷和玻璃在某种技法
创作上得到一定的结合，采用卷轴的形
式来展现作品的"年代感"，将一些不
确定因素附加在作品当中。

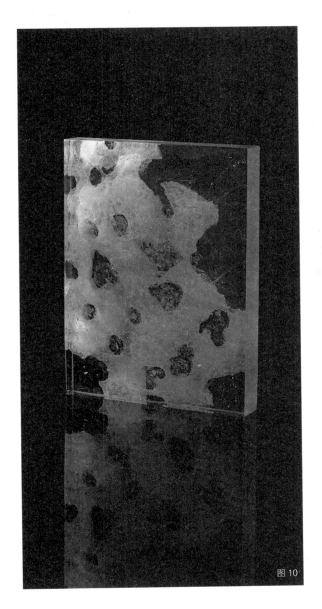

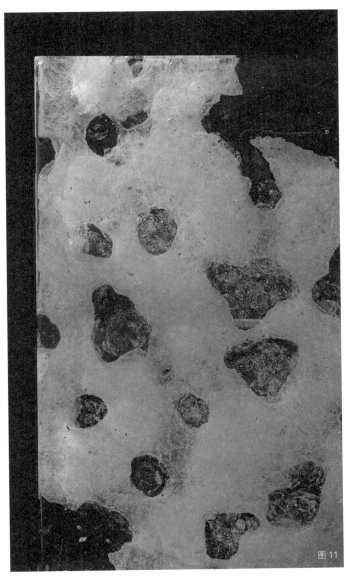

作品名称：《银白色的希望》图 10– 图 11
作者：张浩　景德镇陶瓷大学 2019 级陶瓷和玻璃专业
作品尺寸：长 18 cm、宽 4 cm、高 25 cm
作品介绍：随着一块石头的坠入，激起银白色的浪花，浪花被惊起，好似想要逃离这片禁锢自己的蓝海，突破这片方圆之地，追逐自己的向往。

图12

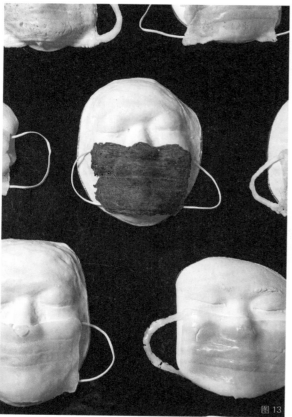

图13

作品名称：《用力呼吸》图12-图13
作者：张贵萱　景德镇陶瓷大学 2019 级陶瓷和玻璃专业
作品尺寸：单件长 18 cm、宽 9 cm、高 9 cm 组合尺寸可变
作品介绍：生命本就存在于一呼一吸之间，作品由 8 个排列玻璃粉烧口罩组成。其作品灵感来源于当下社会，口罩就成为我们生活中最重要的保护伞。通过收集废弃口罩来实现一种材质转换，也是作者对时代的思考。该作品的材质为"粉烧玻璃"。

图 14

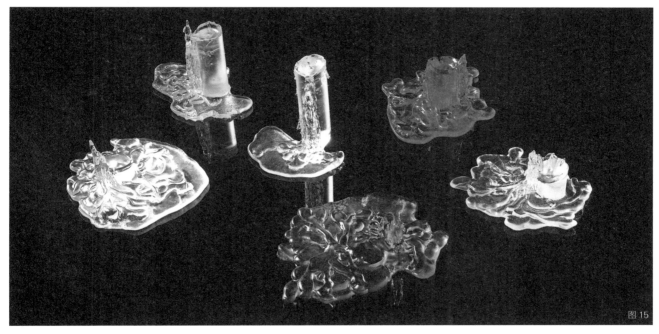

图 15

作品名称：烛之泪 图 14- 图 15
作者：李春洋　景德镇陶瓷大学 2020 级陶瓷和玻璃专业
作品尺寸：组合尺寸可变
作品介绍：烛之泪，是哀悼消逝，也是记录重生。时间如白驹过隙，稍纵即逝，我们最不能留住的便是时间，蜡烛燃烧流下的烛泪就像是对时间无声的哀悼。
蜡烛燃烧掉完整的自己，点点荧光照亮他人，流下的泪亦是时间的笔触，层层叠叠，曲折蜿蜒，记录了那一段独有的时光，如果时间有形状，可能便是这
抹抹烛泪留下的形状吧。

作品名称：《自由之境》 图 16- 图 17
作者：张浩　景德镇陶瓷大学 2019 级陶瓷和玻璃专业
作品尺寸：长 22 cm、宽 7 cm、高 30 cm
作品介绍：通过参考风蚀之后形成的自然景观进行内嵌造型的设计，镂空设计增加作品的透过效果和视觉空间感。颜色上以宝蓝色和天蓝色为主，再辅以一定量的透明色，使得作品在烧制过程中，玻璃在液态状态下自然流动时形成颜色的交融交汇与灵动的颜色流动走势。每个人的世界都是一片独有的风景，风景之中有我们希望的自由和自己向往的颜色。我们追寻自己的自由，展现自己的姿态与色彩！

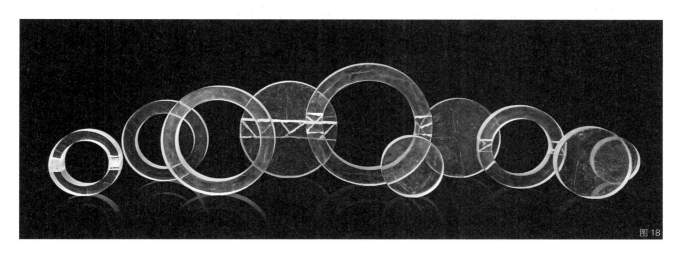

图18

图19

作品名称：《生·息》 图18– 图19
作者：李家迪　景德镇陶瓷大学 2019 级陶瓷和玻璃专业
作品尺寸：组合尺寸可变

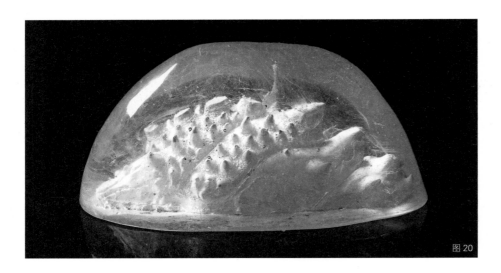

图 20

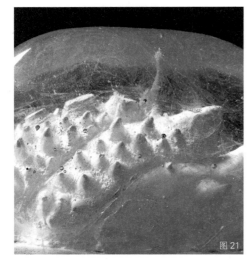

图 21

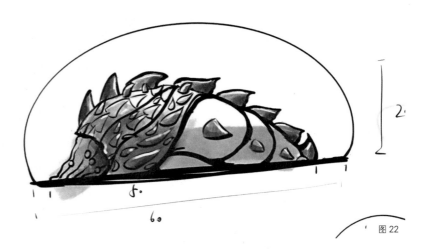

图 22

作品名称：《蛹刺》 图 20– 图 22
作者：冯俊华　景德镇陶瓷大学 2019 级陶瓷和玻璃专业
作品尺寸：长 53 cm、宽 35 cm、高 30 cm
作品介绍：创作灵感来源于毛毛虫的虫蛹。虫蛹的壳给毛毛虫提供了保护的作用，有利于它从毛毛虫进化成蝴蝶。刺给人一种很安全的感觉，刺在大自然中本身就有很强的保护作用，例如刺猬的壳，所以把虫蛹的壳夸张成带刺的壳，带刺的壳从感觉上就给人一种坚硬且带有攻击性的感觉，从而给人安全感。

图 23

作品名称：《蛹刺》 图 23
作者：周颖曦　景德镇陶瓷大学 2020 级陶瓷和玻璃专业
作品尺寸：长 16 cm、宽 16 cm、高 15 cm
作品介绍：想铸造出属于自己的肌理，所以就挑了一个奥利奥饼干来做。正面用光滑的半圆表达亲缘。

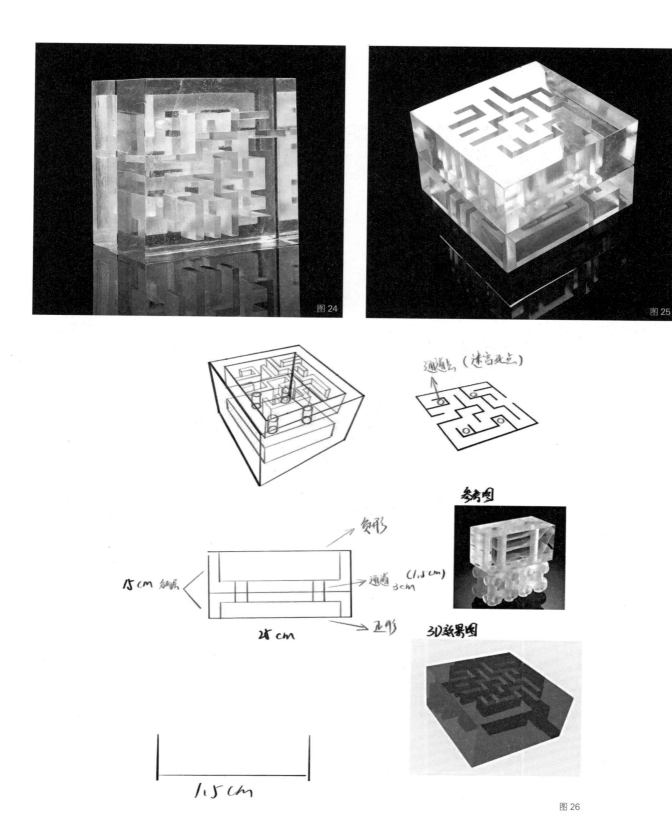

作品名称:《迷宫》图 24- 图 26
作者: 陆云涛 景德镇陶瓷大学 2019 级陶瓷和玻璃专业
作品尺寸: 长 24 cm、宽 24 cm、高 16 cm

作品名称：《墨染山涧》图 27- 图 29
作者：沙洪博　景德镇陶瓷大学 2019 级陶瓷和玻璃专业
作品尺寸：长 12 cm、宽 18 cm、高 71 cm
作品介绍：主要灵感来源于中国传统水墨画，采用琉璃这种新颖的材料既传承了中国传统文化要素，有了水墨画气韵生动的特征，又使得作品更具有创新性及灵动性。该作品主要采用黑白灰三种颜色，以山的形态作为主要内容，加以玻璃粉的修饰使其更具朦胧感，主要是想表达在喧嚣的当下，人们更加钟情于山水，对自然呈现的敬畏，引领观者移情于景"品其味、会其意、明其志"，达到情绪的放松。作品中间采用大面积透明色，形似水一般柔美，外形利用三棱镜原理让山间相互反射，使得作品更有"闲上山来看野水,忽于水底见青山"的意境。

图 27

图 28

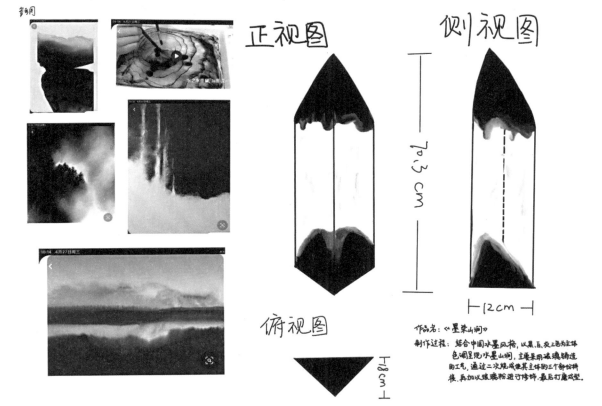

图 29

作品名称：《几何体》图30– 图31
作者：刘千子　景德镇陶瓷大学2019
级陶瓷和玻璃专业
作品尺寸：长23 cm、宽23 cm、高35 cm

图30

图31